中国古代科技

王俊 编著

中国商业出版社

图书在版编目（CIP）数据

中国古代科技／王俊编著. --北京：中国商业出版社，2015.10（2023.4 重印）

ISBN 978-7-5044-8555-7

Ⅰ.①中… Ⅱ.①王… Ⅲ.①科学技术-技术史-中国-古代 Ⅳ.①N092

中国版本图书馆 CIP 数据核字（2015）第 229240 号

责任编辑：常　松

中国商业出版社出版发行
010-63180647　www.c-cbook.com
（100053 北京广安门内报国寺 1 号）
新华书店经销
三河市吉祥印务有限公司印刷
*
710 毫米×1000 毫米　16 开　12.5 印张　200 千字
2015 年 10 月第 1 版　2023 年 4 月第 4 次印刷
定价：25.00 元
*　*　*　*
（如有印装质量问题可更换）

《中国传统民俗文化》编委会

序　言

中国是举世闻名的文明古国，在漫长的历史发展过程中，勤劳智慧的中国人创造了丰富多彩、绚丽多姿的文化。这些经过锤炼和沉淀的古代传统文化，凝聚着华夏各族人民的性格、精神和智慧，是中华民族相互认同的标志和纽带，在人类文化的百花园中摇曳生姿，展现着自己独特的风采，对人类文化的多样性发展做出了巨大贡献。中国传统民俗文化内容广博，风格独特，深深地吸引着世界人民的眼光。

正因如此，我们必须按照中央的要求，加强文化建设。2006 年 5 月，时任浙江省委书记的习近平同志就已提出："文化通过传承为社会进步发挥基础作用，文化会促进或制约经济乃至整个社会的发展。"又说，"文化的力量最终可以转化为物质的力量，文化的软实力最终可以转化为经济的硬实力。"（《浙江文化研究工程成果文库总序》）2013 年他去山东考察时，再次强调：中华民族伟大复兴，需要以中华文化发展繁荣为条件。

正因如此，我们应该对中华民族文化进行广阔、全面的检视。我们应该唤醒我们民族的集体记忆，复兴我们民族的伟大精神，发展和繁荣中华民族的优秀文化，为我们民族在强国之路上阔步前行创设先决条件。实现民族文化的复兴，必须传承中华文化的优秀传统。现代的中国人，特别是年轻人，对传统文化十分感兴趣，蕴含感情。但当下也有人对具体典籍、历史事实不甚了解。比如，中国是书法大国，谈起书法，有些人或许只知道些书法大家如王羲之、柳公权等的名字，知道《兰亭集序》

是千古书法珍品，仅此而已。

再如，我们都知道中国是闻名于世的瓷器大国，中国的瓷器令西方人叹为观止，中国也因此获得了“瓷器之国”（英语 china 的另一义即为瓷器）的美誉。然而关于瓷器的由来、形制的演变、纹饰的演化、烧制等瓷器文化的内涵，就知之甚少了。中国还是武术大国，然而国人的武术知识，或许更多来源于一部部精彩的武侠影视作品，对于真正的武术文化，我们也难以窥其堂奥。我国还是崇尚玉文化的国度，我们的祖先发现了这种“温润而有光泽的美石”，并赋予了这种冰冷的自然物鲜活的生命力和文化性格，如“君子当温润如玉”，女子应“冰清玉洁”“守身如玉”；“玉有五德”，即“仁”“义”“智”“勇”“洁”；等等。今天，熟悉这些玉文化内涵的国人也为数不多了。

也许正有鉴于此，有忧于此，近年来，已有不少有志之士开始了复兴中国传统文化的努力之路，读经热开始风靡海峡两岸，不少孩童以至成人开始重拾经典，在故纸旧书中品味古人的智慧，发现古文化历久弥新的魅力。电视讲坛里一拨又一拨对古文化的讲述，也吸引着数以万计的人，重新审视古文化的价值。现在放在读者面前的这套“中国传统民俗文化”丛书，也是这一努力的又一体现。我们现在确实应注重研究成果的学术价值和应用价值，充分发挥其认识世界、传承文化、创新理论、资政育人的重要作用。

中国的传统文化内容博大，体系庞杂，该如何下手，如何呈现？这套丛书处理得可谓系统性强，别具匠心。编者分别按物质文化、制度文化、精神文化等方面来分门别类地进行组织编写，例如，在物质文化的层面，就有纺织与印染、中国古代酒具、中国古代农具、中国古代青铜器、中国古代钱币、中国古代木雕、中国古代建筑、中国古代砖瓦、中国古代玉器、中国古代陶器、中国古代漆器、中国古代桥梁等；在精神文化的层面，就有中国古代书法、中国古代绘画、中国古代音乐、中国古代艺术、中国古代篆刻、中国古代家训、中国古代戏曲、中国古代版画等；在制度文化的层面，就有中国古代科举、中国古代官制、中国古代教育、中国古代军队、中国古代法律等。

此外，在历史的发展长河中，中国各行各业还涌现出一大批杰出人物，至今闪耀着夺目的光辉，以启迪后人，示范来者。对此，这套丛书也给予了应有的重视，中国古代名将、中国古代名相、中国古代名帝、中国古代文人、中国古代高僧等，就是这方面的体现。

生活在21世纪的我们，或许对古人的生活颇感兴趣，他们的吃穿住用如何，如何过节，如何安排婚丧嫁娶，如何交通出行，孩子如何玩耍等，这些饶有兴趣的内容，这套“中国传统民俗文化”丛书都有所涉猎。如中国古代婚姻、中国古代丧葬、中国古代节日、中国古代民俗、中国古代礼仪、中国古代饮食、中国古代交通、中国古代家具、中国古代玩具等，这些书籍介绍的都是人们颇感兴趣、平时却无从知晓的内容。

在经济生活的层面，这套丛书安排了中国古代农业、中国古代经济、中国古代贸易、中国古代水利、中国古代赋税等内容，足以勾勒出古代人经济生活的主要内容，让今人得以窥见自己祖先的经济生活情状。

在物质遗存方面，这套丛书则选择了中国古镇、中国古代楼阁、中国古代寺庙、中国古代陵墓、中国古塔、中国古代战场、中国古村落、中国古代宫殿、中国古代城墙等内容。相信读罢这些书，喜欢中国古代物质遗存的读者，已经能掌握这一领域的大多数知识了。

除了上述内容外，其实还有很多难以归类却饶有兴趣的内容，如中国古代乞丐这样的社会史内容，也许有助于我们深入了解这些古代社会底层民众的真实生活情状，走出武侠小说家加诸他们身上的虚幻的丐帮色彩，还原他们的本来面目，加深我们对历史真实性的了解。继承和发扬中华民族几千年创造的优秀文化和民族精神是我们责无旁贷的历史责任。

不难看出，单就内容所涵盖的范围广度来说，有物质遗产，有非物质遗产，还有国粹。这套丛书无疑当得起“中国传统文化的百科全书”的美誉。这套丛书还邀约大批相关的专家、教授参与并指导了稿件的编写工作。应当指出的是，这套丛书在写作过程中，既钩稽、爬梳大量古代文化文献典籍，又参照近人与今人的研究成果，将宏观把握与微观考察相结合。在论述、阐释中，既注意重点突出，又着重于论证层次清晰，从多角度、多层面对文化现象与发展加以考察。这套丛书的出版，有助于我们走进古人的世界，了解他们的生活，去回望我们来时的路。学史使人明智，历史的回眸，有助于我们汲取古人的智慧，借历史的明灯，照亮未来的路，为我们中华民族的伟大崛起添砖加瓦。

是为序。

傅璇琮

2014 年 2 月 8 日

前　言

我们伟大的祖国，位于亚洲大陆的东部，历史悠久，幅员辽阔，物产丰饶。她有着960万平方公里的锦绣山河，十几亿勤劳勇敢的各族人民，绵延悠久的历史和丰富灿烂的文化。我国不仅有着绚丽多姿的思想史、军事史、文学史、艺术史、社会史，而且有着光彩夺目的科学技术史。历史上的中国在数学、天文学、农学、医学等各个学科领域，取得了许许多多的成绩，尤其是在15世纪以前，我国的科技发展水平曾经长期居于世界科技的领先地位。

中国是一个有着悠久历史的文明古国。从170万年前的“元谋人”起，我们的祖先就劳动生息在这片广袤的土地上，从“石器时代”“青铜时代”“铁器时代”逐步进入了当前社会主义的文明时代。在这悠悠的时间长河中，有文字可考的历史就达4千年左右。我们勤劳智慧的祖先在漫长的岁月里，遗留了丰富的文化典籍和科技发明。我们伟大的祖国，早在两三千年前，就以其绚丽且先进的科学文化而跻身于世界四大文明古国的行列，后来又与西方古希腊的文明交相辉映。当欧洲进入中世纪“黑暗时代”，科学文化的发展陷入停滞状态时，我国的科学文化却在持续地向前发展。这时，我们伟大的民族，“龙的传人”，以高超的冶炼技术，促进了生产工具的铁器化，稳步地踏进了“铁器时代”的大门；纺织技术和丝绸产品也享誉中外；在这个历来“以农立国”的古老国度里，农学成为极其重要的学科；中医药以其独特的而神奇的理念形成了完整的体系；富有东方色彩的天文学独秀一方；数学的发展使我国成为“数学之乡”；叹为惊奇的“四大发明”对西方近代科学的创立产生了深远的影响。

回顾我国科学技术的发展历程，我们会无比自豪地提到墨翟、华佗、张仲景、张衡、祖冲之、贾思勰、孙思邈、一行、沈括、郭守敬、李时珍、宋应星、徐霞客、徐光启、毕昇、黄道婆等一大批科学家和技术发明家响亮的名字和他们辉煌的业绩；打开我国科学文化丰富的宝藏，我们如数家珍。《周髀算经》《九章算术》《黄帝内经》《伤寒杂病论》《本草纲目》《齐民要术》《农政全书》《梦溪笔谈》《天工开物》《徐霞客游记》《武经总要》……这不胜枚举的皇皇巨著对世界文化有极其伟大的贡献。我国科技史上涌现出的这批灿若星辰的科技人物，是中华民族的精英；遗留下的这些极具研究价值的科学著作，是中华民族的宝贵财富。

16 世纪以后，由于种种社会原因，中国的科技发展一度滞缓并落后于西方，但到了 20 世纪中叶，在政治、经济的泥沼中站立起来的中国人民又奋起直追，逐步缩短了与西方科技发展的差距，并正在为建设一个真正的科技强国而加倍努力。

青少年是国家的未来，是民族的希望，对他们进行科技文化的教育，既是当务之急，又是长远的目标。要让中学生和具有中等文化程度的读者掌握中国古代科技文化的基本知识，了解中国古代科技文化的辉煌历史，继承发扬优良传统，为建设具有中国特色的社会主义新文化打下基础，这是一件意义非常的事业，也是我们编写这套丛书的宗旨。

本书通俗易懂，生动具体，图文并茂，力求做到科学性、通俗性、趣味性的结合。

如若此书中出现错误，望广大读者指正，如果您有好的建议或意见，敬待您的谏言。

目录

第六章 精湛的建筑科技

第一章

中国古代科技趣话

中国是四大文明古国之一，在中国发展的早期，它的文明程度相较于古巴比伦、古埃及甚至是古希腊都是落后的。但是，到公元前21世纪，充满智慧的中国人民发明了青铜冶炼和生铁冶铸技术，加快了我国文明发展的速度，所以到公元前三四世纪，中国的科学技术已达到世界先进水平，创造出了工业史上、医学史上、天文史上等各领域一系列璀璨的文明硕果。让我们一起跟随历史的脚步，领略先人的不朽智慧吧！

第一节 走近古代科技

领先世界的中国古代科学技术

不管国家还是民族，不同的历史发展时期，在世界科技史中，其所占的地位都有着一定的变化。

在上古时期，大多数文明古国普遍上都是独立取得自己的科学成果。如在公元前4世纪，雅典时期的希腊和春秋战国时期的中国，由于地理阻隔和交通不便，两国之间在科学技术方面根本没有任何交流，因此形成了各有特色的科学文化体系。当时，世界科学技术的发展处于多中心时代，中国便是其中的一个中心。

在中古时期，古巴比伦、古埃及、古希腊等国相继衰落。他们的一些科学技术就像是遭遇了冰雪侵袭的树木，停止了生长，而那些曾经熠熠生辉的成就如宝入沙漠，只有静静地等待后人前去发掘。这个时期对世界科学技术的发展有比较大贡献的国家寥寥无几，而高举文明火炬的中华古国，恰好正在蓬勃发展着。除了蚕桑、茶等农业技术和冶铁术、造纸术、造船、瓷器、指南针、印刷术、火药、拱桥、针灸之外，我们比西方国家领先的成就还有：指南车、记里鼓车、水碓磨、龙骨车、石碾、风箱、独轮车、马颈套、弓弩、天然气井等。我国先进的技术成就和在天文、数学、化学、医药学等方面的科学知识，向东传播到朝鲜和日本；向南传播到越南和印度等国。更重要的是这些成果经过丝绸之路和大海，向西传播到波斯、阿拉伯，并且扩散到欧洲，对世界科学技术的发展做出巨大贡献。

从公元15世纪后半期开始，欧洲才有了近代科技的兴起。不可否认的是，我国的科学技术成就是近代科学兴起的基础之一。近代科学的兴起是同

文艺复兴运动以及资本主义的产生和发展密切相关的。在欧洲文艺复兴运动中，我国发明的造纸术与印刷术在其科学文化的传播与发展方面起到非常重要的作用。我国的火药帮助西欧民众打垮了封建主义的城堡。达·伽马和哥伦布用我国发明的指南针，发现了新航线和新大陆，使资产阶级有能力从海外获取大量资金。马克思评价我国的四大发明是“资产阶级发展的必要前提”。

我国地大物博，历史悠久，人口众多，人民聪明勤奋，在长期和自然界互利共生的过程中积累了丰富的经验和知识，为我国科学技术的发展提供了极有利的基础。但是在15世纪末期以后，这些条件并没有消亡，而近代科学却没有在中国兴起，欧洲反而成了它发芽的土壤。可见除了上述那些条件外，在中古时期还有促成我国科学技术在世界上领先的因素。中古时期，我国和西欧都处在以农业经济为主的封建社会时期，两者最大的不同在政治上，西欧是分裂的，没有形成统一的民族国家，中国却是个中央集权的泱泱大国。在这里，可以借用“时势造英雄”这句俗话来解释我国古代科技领先于世界其他国家的原因。“时势”是指封建社会的中央集权，“英雄”是指创造我国科学技术成就的人们。“时势”是怎样造“英雄”的呢？这可以从以下几个方面来说明。

在古代，古埃及、古巴比伦、古希腊等科学文化发达的国家，由于国内阶级斗争或者国外战争，造成国家或处在四分五裂的状况，或被外部的民族所征服。在中古前半期，西欧广大地区还无法从日耳曼民族入侵所造成的毁灭性灾难中恢复过来，当然更谈不上发展科学技术了。我国的中央集权适应封建社会前期的阶级斗争和生产斗争的需要，确保了国内政治的稳定，经济的繁荣。在这个阶段的生产发展过程中，出现了许多伟大的发明和创造。

在中古时期，科学技术的生产无不是凭着劳动人民日积月累的经验。个体农民、小地主、手工业者，他们没有必要也没有可能供养脱离生产的科技人员，因此，对于科学技术的发展而言，国家的支持就非常重要。比如，造纸技术的改进是在宫廷官员的督促下取得的，经过皇帝下令推广。张骞、班超、甘英等探险家开辟丝绸之路，促进东西方交流，都是由朝廷组织的。火药虽来自炼丹术，但没有统治者的支持，炼丹家不但无法生活，更无法获得炼丹所必需的设备和原料。标志航海技术水平的郑和远航，亦完全由当朝政治委派。各朝代都把天文历法当作国家权重之事，关系国运命脉，观测研究天文的机构——司天监由高级官吏太史令直接领导。皇帝还经常过问天文观

测和历法变革。我国之所以有世界上最丰富的天象记录，很大程度上要归功于中央集权政权的支持和组织。

为了维系中央对地方的控制，自从公元前221年秦始皇统一中国以后，各朝代都十分重视交通的发展，纷纷修道路，开运河，设驿站。全国四通八达的交通运输线路，不仅巩固了国家的统一，而且为国内科学技术的交流和传播起到了决定作用。假若道路充满了艰难险阻，沈括、李时珍等著名的科学家要游历各地进行科学考察，恐怕更是难上加难了。

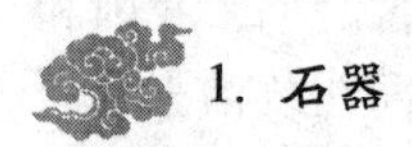

石器、弓箭和钻木取火

1. 石器

当古代先民在山林中受到野兽袭击时，情急之下会本能地捡起木棍抡劈，或拾起石块抛掷砍砸。我们可以在很多的战争故事片中，看到人们在弹尽之后用石块当武器的情形。而在果树下，木棍、竹竿、石块则成为人们获取果实的工具。人类的这种本领可以说是最原始的本能体现。

在地球上最早出现的人类，大致就是利用石块等天然工具对抗野兽或猎取食物的。渐渐地人学会了对木棒和石块进行加工，出现了人造的工具——木器和石器。随着时间的推移，木器、石器的种类逐渐增多，加工工艺也愈见精细，人们还发明了把石器捆绑在木棍上的复合工具。同时，人类开始发掘兽骨和贝壳的用途，将其创作成了工具。人类就是在加工和制造工具这一活动中，一点一点地从动物界中剥离出来，并不断进化的。

由于木器无法长期保存，后世之人极少有幸目睹，所以遗留到现在的绝大部分是石器、骨器、贝壳器。当我们走进历史博物馆参观，最先看到的往往就是这些人类早期所使用的工具遗存。

在人类早期，石器的加工可以说是非常简单且粗糙。最原始的方法，就是用天然砾石进行敲击或碰击，使之破裂出现刃口，选取合用的就称为石器了。每件石器通常兼有砍、砸、劈、刮等多种用途。其后，为了得到刃部较薄较锋利的切割器，新的加工工艺就出现了，先从石块（石核）上打下所需要的石片，再对石片的刃口进行修整。随着人类的进化，石器的加工工艺也在不断进步，出现了不少新式石器，如多边砍砸器、三棱尖状器、刮削器、

石球等。而钻孔加工技术的形成则为制造出骨针以及钻孔的石球、砾石、兽牙、鱼骨、海蚶壳等较为先进的器物提供了条件。

约1万年前，石器在加工技术方面有了质的飞跃，进入了磨制加工时期。其工艺过程是：选取合适的石料，打制成石器的雏形，把刃部或整个表面放在砺石上加水或沙子磨光。经磨制的石器表面平整，刃部锋度高，用途也更为专一。人类还创造了更为方便的木石复合工具，即利用钻孔技术将石器、骨器钻孔并捆扎在木柄上，使劳动效率大大提高。工具的改进，促进了生产力的提高，加快了迈向文明的步伐。

2. 弓箭的发明

在今天，弓箭已经成为一种人们日常娱乐、身体锻炼及体育竞技的器械。但在古代，它是人们打猎和作战的重要远射武器，而后才出现枪炮并逐渐将其取代。弓箭由弓、弦和箭三部分构成，人拉弓弦做的功转化成为拉开了的弓弦势能，起着动力的作用；拉开的弓弦弹回，势能转化为动能，把箭弹出，飞跃一定的距离，起的是传动的作用；箭镞则起了工具的作用，它射到猎物或敌人身上，相当于人用工具击打猎物或敌人。弓箭已具有现代定义机器的三大要素：发动机、传动机构和工具机。因此，就其意义而言，弓箭称得上是古代人类最早发明的武器。

弓箭究竟是什么时候由什么人发明，如今已经无从考证。我国考古工作者在山西朔县峙峪旧石器时代的人类生活遗址中，发现有石箭头，一端具有较锋利的尖头，另一端两侧经过加工，形成稍窄的箭座，方便与箭杆捆缚在一起。这一发现表明，我国最迟在2.8万年前就已经有了弓箭。

弓箭的使用大大增加了人力的作用范围，弥补了人类奔跑速度不如野兽的缺陷，猎取较远距离或奔跑中的猎物，甚至飞禽，也可以用来射游鱼，从而促进了渔猎生产的发展。同时，弓箭也可以更有效地抵御野兽的袭击，保护自身的安全。无论从技术史的角度看，还是从社会发展史的角度看，弓箭的发明和使用，都足以称得上是一次重要的革命。当然，对于弓箭本身所蕴含的复杂科学道理，当时的人类是很难理解的。

3. 钻木取火

也许是雷电引发的山林之火，也许是林中枯枝烂叶自燃成火，让人类发

原始人钻木取火

现了火的存在，从而智慧地将其运用到生活中来。火改变了人类“茹毛饮血”的饮食习惯，使生食变熟食，并扩大了人类的食物范围；火带给人类光亮和温暖，可在夜间照明，冬天取暖；火可有效地防止野兽侵袭，也可用来围猎；火可用来开垦荒地，扩大耕地面积，发展农业生产；火可用来烧制陶器，烘烤竹木，烧裂石块，烧烤以保存食物，制造出更多的生活用具和生产工具……人类的自身进化和人类文明的发展进步与火的开发使用密切相关。

据有关史学家多方面考证，170 万年前的云南元谋人，90 万～70 万年前的陕西蓝田人，可能已经开始用火了。在 50 万～40 万年前北京人居住的洞穴里，发现有几层灰烬，其中一层最厚处达 6 米，这反映了当时曾长时间燃起过篝火，具有了保存火种和管理火的能力。

从大自然中获取火种，并长时间保证火种不熄，这对当时的人类而言是极其不易的。然而，随着人类不断提高智力，有了更加强硬的生存技能，他们在制造石器时，发现击砸石块会溅射火星；在磨、钻石器和木器时，又发现了摩擦生热的现象，由此发明了钻木取火的技术。我国古代把这一功劳归于“燧人氏”，说他“钻燧取火，以化腥臊”（《韩非子·五蠹篇》），由此可知，“燧人氏”可能是一支较早发明钻木取火的部落。除了钻木取火外，先民们可能还发明有其他的取火方法。如用敲击石块时溅出的火星取得火种，我国历史上记载的长期使用火刀敲击火石以产生火花，点燃艾绒的取火方法，可能就是由此发展而来。在 20 世纪四五十年代，我国一些少数民族仍然保留着原始的人工取火方法，如黎族的钻木取火法，佤族的摩擦生火法，傣族的压击取火法，德昂族的锯竹生火法等。

人工取火方法的发明，标志着人类第一次可以有效地控制和利用强大的自然力。它对于人类文明发展的作用是极其重要的。

震惊世界的四大发明

所谓中国四大发明，指的是古代时期对世界生产进步产生重大的影响的

四种发明。即造纸术、指南针、火药、活字印刷术。此一说法最早由英国汉学家李约瑟提出并为后来许多中国的历史学家认同，学者们普遍认为，这四种发明不仅对中国古代政治、经济、文化的发展产生了巨大推动作用，而且经由各种途径传至西方后，对世界的发明发展也产生了不容忽视的影响。

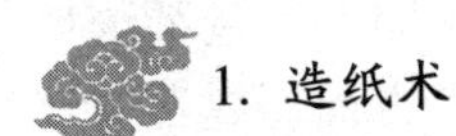

1. 造纸术

造纸术是中国四大发明之一，是人类文明史上的一项杰出的发明创造。在当今世界上，中国称得上是最早养蚕织丝的文明古国。汉族劳动人民以上等蚕茧抽丝织绸，剩下的恶茧、病茧等则用漂絮法制成丝绵。漂絮过程之后，会有一些残絮遗留在篾席上，漂絮的次数多了，这种篾席上的残絮便聚集成一层纤维薄片，这种纤维薄片经晾干之后剥离下来，可用于书写。这种漂絮的副产物数量不多，在古书上将此称作“赫蹄”或“方絮”。这表明中国汉族造纸术的起源同丝絮有着密不可分的关系。

东汉元兴元年（公元 105 年）蔡伦改进了造纸术。他用树皮、麻头、破布、渔网等原料，经过挫、捣、抄、烘等工艺，创造出一种新的纸张，这便是现代纸的祖先。这种纸的原料较普遍，价格便宜的同时，质量也有所提高，因而很快在全国范围内推行使用。为纪念蔡伦的功绩，后人把这种纸叫作“蔡侯纸”。

在造纸术发明的初期，主要利用树皮和破布等原料制造纸张。当时的破布主要是麻纤维，品种主要为苎麻和大麻。据记载，我国的棉是在东汉初期，与佛教同时由印度传入，后期用于纺织。当时所用的树皮主要是檀木和构皮（楮皮）。最迟在公元前 2 世纪时的西汉初年，纸这种用品出现在中国。最初的纸是用麻皮纤维或麻类织物制造成的，由于造纸术尚处于初期阶段，工艺简陋，所造出的纸张质地尤其粗糙，夹带着较多未松散开的纤维束，表面不平滑，还不适宜书写，一般只用于包装。

直到东汉和帝时期，蔡伦经过不断地试验改进，形成了一套较为完整的造纸工艺流程，其过程大致可分为四步：

一是原料分离，就是用沤浸或蒸煮的方法让原料在碱液中脱胶，并分散成纤维状；

二是打浆，用切割和捶捣的方法将纤维切断，并使纤维帚化，而成为纸浆；

三是抄造，把纸浆渗入水中制成浆液，然后用捞纸器（篾席）捞浆，使纸浆在捞纸器上交织成薄片状的湿纸；

四是干燥，把湿纸晒干或晾干，小心揭下便成为纸张。

造纸流程尽管在汉代之后获得不断地完善与成熟，但这四个步骤基本没有变化，即使在现代，在湿法造纸生产中，其生产工艺与中国古代造纸法也没有根本区别。所以这时期造纸技术的发展主要体现在原料方面，魏晋南北朝时已经开始利用桑皮、藤皮造纸。隋朝、五代时期，竹、檀皮、麦秆、稻秆等也都已作为造纸原料，被广泛使用，这些原料的开发使用为造纸业的发展提供了丰富而充足的基础。

2. 指南针与航海术

我国古代的另外一项伟大的发明就是利用磁铁的指极性创造的指南针。在先秦诸多典籍中，就有“先王立司南以端朝夕”（《韩非子·有度篇》）的记载，“端朝夕”的意思就是正四方。王充《论衡·是应篇》中有记“司南之杓，投之于地，其柢指南”。“司南之杓”便是指磨成勺状的天然磁铁，“地”是一种标有24个方位的地盘，“柢”就是勺柄；意思是把杓状磁铁放在地盘上，它的柄会指向南方。然而，天然磁铁不仅难以琢磨，而且极易丧失其磁性，所以没能大范围推广应用。

大约在唐末或宋初，人们发明了人工磁化方法，制造出了指南针。据记载，指南针最初由风水先生发明，他用铁针摩擦磁铁，使其磁化，而成指南针。据沈括《梦溪笔谈》记载，最初的指南针有四种装置方式，分别为：一是水浮法，把磁针横贯灯芯草，让它浮在水面；二是放在碗唇上；三是放在指甲上；四是用丝线拴在磁针中心，悬挂起来。当时，人们已经发现了地球的磁偏角。后来的指南针装置法，一般是在地盘（古时又叫“罗盘”或“罗经盘”）中心挖一圆洞，内盛水，将横贯灯芯草的磁针放入其中，就成为水罗盘。这种水罗盘在明朝末年以前被普遍使用。

指南针

指南针的最大功用，是它极大地促进了航海事业的发展。史实记载我们的祖先很早就在海上活动，山东大黑山岛发现的母系氏族社会遗址，反映出六七千年前的我国先民就有了海洋活动。秦始皇时，徐福带数千童男童女东渡日本，开创了大规模远航的先河。汉唐时，中国频繁地与东北亚、东南亚、南亚以至非洲东海岸的众多国家建立海上贸易。我国的商船在太平洋和印度洋上甚为活跃。在指南针应用于航海之前，海上远航是靠观测日月星辰来辨别方向的。如果遇到阴雨天气，在茫茫的大海之中水天一色，只好随波逐流，听天由命了，由于无法辨别方向而导致的海难事故时常发生。指南针的出现，为航海者提供了可靠的全天候导航手段。我国大约在 11 世纪末开始把指南针应用于航海。

指南针在航海技术领域的应用引发了航海业的重大改革，甚至开创出一个人类船海史上的新纪元。李约瑟博士说，这是“航海技术方面的巨大改革”，它把“原始的航海时代推至终点”，“预示计量航海时代的来临”。我国宋元时期航海事业的高度发达，明初的郑和下西洋，以及欧洲人大航海时代的到来，都与指南针的发明和应用有着密不可分的关系。

中国的指南针大约在 12 世纪下半叶由海道传至阿拉伯，后又传入欧洲。也有一种说法是由陆路传到中亚地区，再传至欧洲。欧洲人在指南针的应用过程中对装置进行了改进，发明了有固定支点的旱罗盘，也就是如今我们仍在使用的罗盘。旱罗盘在 16 世纪下半叶时回传中国，其逐步取代了水罗盘。

3. 火药和火药武器

《西游记》中，孙悟空大闹太上老君的炼丹房，吃掉了老君所有的“九转金丹”，后来被扔进了八卦炉烧炼。这个神话故事虽然是文学家凭空编造的，但是有历史事实作依据材料的。至少在春秋战国时期，就有人在寻求长生不老药，秦始皇派徐福带领童男童女出海，也是为了求得长生不老药，汉武帝更是招揽方士进行炼丹活动。自此之后在我国古代上层社会中普遍盛行炼丹之风。企图炼制“九转还丹”（“九转金丹”），希望人吃了可以脱胎换骨，长生不老，得道成仙。炼丹家的目的自然无法达成，但他们在把各种矿物、金属以及植物作为药物，混在一起烧炼的过程中，却发生了物质的变化，进而使人们认识到物质变化是自然界的普遍规律。同时，他们炼出了许多化学药物，积累了大量的化学知识。关于火药的知识，就是由炼丹家首先积累起

来的。

火药，顾名思义就是“可着火的药”。最少在唐中叶时（公元9世纪）炼丹家就已经认识到，把硫黄、硝和炭混在一起加热，会发生爆燃，引起火灾，烧伤人的手面，烧毁房屋。因此，以硫黄、硝、炭为主要成分而配成的药，就称作“火药”。火药引入医学，便成为医药，用作治疮癣、杀虫、辟湿气瘟疫的药物。火药引入军事，便成为火器，在军事科技方面引起了重大的变革。

大约在10世纪初的唐代末年，火药开始作为武器在战争中使用。据记载，唐哀帝天祐年间（公元904—907年），人类在战争中使用了火箭、火炮。所谓火箭，就是指将火药绑到箭头一旁，点着后迅速用弓射出去；火炮是把火药捆扎成包，点燃后用抛石机抛射。五代时期，除了火箭、火炮外，还衍生了火球、火蒺藜等。初期的火药武器，爆炸性能不佳，其主要目的是放火。

宋朝是火药作为战争武器的重要发展时期，其突破主要体现在如下两个方面。

一是爆炸性能增强。随着硝、硫提炼精度和加工工艺的提高，火药的爆炸性能也不断增强。《金史》记载，公元1232年，元兵攻打金南京（今河南开封）时，金兵曾使用一种名为“震天雷”的武器，“火药发作，声如雷震，热力达半亩之上，人与牛皮皆迸无迹，甲铁皆透”，足可见爆炸威力之强。

二是管形火器的出现。这是军事史上和兵器史上的一个重大事件，表明人们已经更加深入地认识到火药的性能，能够更加有效地控制和利用烈性火药。到了宋末或元代，管形火器已改用铜或铁制造，大型的叫火铳，小型的可拿在手上的叫手铳，已经具备近现代枪炮的雏形。

在十二三世纪时，火药及火药武器经海上中外交通和陆上蒙古大军西征，先后传入伊朗、阿拉伯和欧洲，并成为文艺复兴时期攻破封建城堡的有力武器。

4. “文明之母”——印刷术

印刷术作为中国四大发明之一，也是中国于世界文明发展的一项伟大贡献。从技术上说，印刷术在历史上主要经历了两个发展阶段，一是雕版印刷阶段，二是活字排版印刷阶段。

雕版印刷术至迟在公元7世纪下半叶的唐代初期已经问世，初时被用来印刷佛教经典。目前已发现的最早印刷品，是在韩国发现的木刻印刷佛

经《陀罗尼经》，刻印于公元701—751年，这本印刷品被认为是在中国印刷后传入韩国的。唐朝时期，普遍用来印刷佛经和一些文化、医药、历法等书籍，主要在民间盛行。五代以后，印刷术开始被官方重视，用来印刷儒学经典。

雕版印刷术的工艺较为简单，一般是先选取纹质细密坚实的木材做原料，锯成一定大小的木板，然后刨平，在其上把要印刷的文字或图像刻成反写阳文（凸字），再刷墨印刷。尽管雕刻费时，但因工艺简单，印出的印刷品字迹清晰，所以一直到清末时期仍在沿用。除了木板外，也有用铜版、石版刻字印刷的。

活字印刷术是北宋庆历年间（1041—1048年）毕昇发明的。其方法大概是：用黏土制成大小相同的一个个印坯，每个印坯刻一个字，常用字则刻几个到二十几个，然后用火烧烤，使其陶化变硬而成泥活字。泥活字按音韵分门别类地放在木格里备用。印刷时，用两块四周加上铁框的铁板，之后在框内一字字排版。铁板上首先铺上一层松脂、蜡和纸灰等混成的黏合剂，字排满铁板后用火稍加烘烤，使松脂和蜡稍稍融化，粘住泥活字，其次用一块平板将字面压平，就可以刷墨印刷了。其中，一块铁板用于排字，另一块铁板用于印刷，就这样交替使用。印完的铁板仍用火烘烤，使松脂和蜡稍融，取

活字印刷工序

下活字，放回木格以备再用。排版时遇到原来没有刻成的活字，可现做现用。活字印刷克服了雕版印刷一块只能印一页，无法变动且费工费料的缺点，明显提高了工作效率，这是印刷技术的重大变革。

后来，在活字印刷术中又有人创制了锡、铜、铅等金属活字，但因古代使用的不是油墨，刷墨着色效果不佳，所以未能推广普及。

中国的雕版印刷术大约从12世纪起先后传至埃及、伊朗。14世纪末，欧洲也开始采用这种雕版印刷术。十三四世纪时活字印刷术也先后传入埃及、伊朗、欧洲。印刷术在欧洲的应用，大大促进了文艺复兴运动，从而加快了世界进入近代历史阶段的进程。

知识链接

父子相传式的技术传习

古代技术传授和技术训练是劳动者掌握生产技术的主要途径，也是技术转化为生产力的重要环节。

春秋战国时代的技术传授和训练的方式，在先秦古籍《管子》中有明确记载。《管子·匡君小匡》说："今夫工群萃而州处，相良材，审其四时，辨其功苦，权节其用，论比计制，断器尚完利。相语以事，相示以功，相陈以巧，相高以知事。旦昔从事于此，以教其子弟，少而习焉，其心安焉。不见异物而迁焉，是故其父兄之教不肃而成，其子弟之学不劳而能。夫是故工之子常为工。"这段话的大致意思是：工匠居处相聚而集中，察看好的材料，考虑四季节令，区别质量优劣，安排各季所用。在评定等级、审核规格、鉴定器物质量的时候，要考虑周全，力求完备。如此来，互相谈论工事，展示成品，比赛技巧，提高技能。他们每天都做这些事情，来教育子弟。其子弟从小就习惯了，思想安定，不会见异思迁。因此，其父兄的教育不严也能教好，其子弟的技能不成熟也能学会。所以，工匠的子弟常为工匠。

从引文可以看出，春秋战国时期，手工业技术传授和训练的主要途径，就是家庭式的“父兄之教”和“子弟之学”，使人自幼就耳濡目染，耳提面命，收到“不肃而成”“不劳而能”的效果。通过口授和模仿，把技术一代代地传下去。关于这一点，还可以从战国时的《考工记》和《荀子》等文献得到佐证。《考工记》说：“巧者，述之守之，世谓之工（父子世以相教）。”《荀子》也说：“工匠之子，莫不继事。”这两部书的某些论述都表明工匠这种父子相传、子继父业家庭式技术传授的特点。

考古资料也可印证文献记载。如对战国时期齐国都城临淄的陶文分析，当时有10多个乡、50多个里有制陶业，从业者数百人。陶文中，多数陶工的名字只记名，不记姓，仅有少数名姓俱全。从名姓俱全的资料考察，发现同一姓的陶工大多居住在同一里或同一乡内。由此可知，临淄制陶业组织形式是多以家庭成员为主要生产者的民间制陶作坊。

除家庭式的“父兄之教”和“子弟之学”外，古代重要的技术传授与训练形式也包括官府手工业作坊中的学徒制。

中国历代王朝都有大量的工匠，这些工匠在官手工业作坊里制作各种用品，在建筑工地上修筑宫殿等建筑工程。新招来的工匠和学徒都要进行训练，官府会指派技艺高超的艺人亲自传授其技术知识，提高其技能。唐代时，这种技术训练的方式趋于完善，出现了技工学校。在唐官府手工业场，集中学徒工，让著名匠师传授技术。根据工种不同，培训时间不等，每季由官府考试一次，年终大考一次。

为了培养更多高技艺的工匠，学徒制无疑是最快最有用的制度。但是师傅传授给徒弟的多是一般技术，技术诀窍（核心部分）轻易不外传。即所谓“授人以规矩，而不授人以技巧”。技术诀窍保密，只传授给自家或家族的人。其结果是常常造成某些技艺的失传。

中国古代长期是以农业经济为主的封建社会，在技术传授和训练上，父子相传的方式和师傅带徒弟的方式有其存在的合理性。然而随着工业技术的发展和社会进步，其缺陷与不足便逐渐体现出来。

第二节 古人生活中的科技创造

鲁班、墨子造木鸢

在中国游艺史上，还有一种流传最广、深受人们喜爱的游艺项目，也是在春秋战国时代开始产生的，它就是风筝，古人也称为“纸鸢”。

风筝有许多别称，如纸鸢、鹞子、风巾、春申君、毫见、风瓦、纸鸱等。其中，以“纸鸢”和“鹞子”的名字最为悠久。唐代诗人元稹《有鸟》诗说：“有鸟有鸟群纸鸢，因风假势童子牵。”宋代诗人陆游《观村童戏溪上》也有“竹马跟蹡冲淖去，纸鸢跋扈挟风鸣”的诗句。明代郎瑛《七修类稿》说：“纸鸢，俗曰鹞子者，鹞乃击鸟，飞不太高，拟今纸鸢之不起者。”在我国古代，“鹞”是南方民众对风筝的称呼，“鸢”是北方民众对风筝的爱称。鸢和鹞同是一种飞禽，即鹞鹰，由于这种鸟能长时间在空中平伸翅膀滑翔，看上去好像一动不动地在空中盘旋。而古时风筝多为鸟形，凌空放飞时，双翼也是不动的，形状像极了鹞鹰，所以古人把风筝也称作“纸鸢”或“鹞子”。

风筝

风筝的起源，从目前的历史记载和发现的古代风筝看，最初的风筝问世，是受到飞鸟的启发，因此模仿飞鸟的形状制作并以“飞鸟”命名。同时，这一理想的实现则建立在人们对风能的认识和利用的基础上。

鸟作为人类亲密的朋友，历代文人雅士曾用极美妙生动的词句形容它们，

代表了人们最美好的期望。人类从有意识开始，就希望自己能像飞鸟一样在空中翱翔。所以，在原始社会，鸟作为一种图腾受到人们的崇拜。进入阶级社会后，鸟的图案被用于礼仪制度和民间习俗之中。周武王伐纣“以鸟画其旗”，表示正义之师，所向披靡。《诗经》中说：“织文鸟章，白旆中央。”意思是说，旆上织有鸟纹图样，白色的燕尾状飘带多鲜亮。在古代军队中，常常将鸣鸢作为图腾绘于旌旗上。鸣鸢，就是张口鸣叫的鸢。古代越人以鸢为风伯，作为风神。后来，人们发明了风筝，其形状就是鸢形的。可以说，风筝寄托着人们希望翱翔蓝天的美好理想。

要想把风筝放到天空上去，就必须懂得如何借助风力。在秦汉以前，中国已经开始使用风能。这体现在风帆、风车和风筝的发明上。在商代遗留下来的甲骨文中，就已有多种“帆”字。这说明我国人民使用风帆的历史至少有 3000 多年。在汉代的壁画和画像石中常可以见到“风轮”的形象，造型与现代玩具风车类似，迎风即可自转。风帆利用风能做水平运动，风车利用风能做旋转运动，而风筝则利用风能做垂直和水平运动。应当说风筝比风帆和风车在风能的利用上又前进了一大步。如果从使用技术的简、繁来判定它们产生的时间顺序的话，应该是发明风帆在前，风筝在后。古代的中国人不仅利用风能进行交通运输和劳动生产，而且为了丰富人们的日常生活利用风能制成了风筝。这充分体现了中华民族伟大的智慧和创造力。

风筝是什么时候发明的，目前仍没有统一概论。自宋代以来，有许多学者对这个问题进行探讨，提出了数种观点。

第一种观点认为风筝产生于春秋战国时期，距今已有 2400 年的历史。这种说法所依据的资料是先秦古籍中关于公输般（鲁班）、墨子制“木鸢”的记载。《墨子・鲁问篇》载：公输子削竹木为鹊，成而飞之，三日不下。唐代段成式《酉阳杂俎》引《朝野佥载》：“公输般亦为木鸢以窥宋城。”《韩非子・外储说》：“墨子为木鸢，三年而成，飞一日而败。弟子曰：先生之巧，至能使木鸢飞……”春秋战国时代，造纸术还没有发明，风筝是用竹子或薄木制成的，因而风筝在当时又称为“木鸢”。这些资料是关于风筝起源的最早记载，后人大都对这种观点表示赞同。汉代王充曾说：“儒书称鲁班、墨子之巧，刻木为鸢。”唐代李石在《续博物至》中也说：“墨子作木鸢。飞三日不集。”近年来，有学者对此提出异议，认为木鸢和风筝虽然都属于飞行器，但二者的性质不同：木鸢属于“扑翼飞行器”，即靠扇动翅膀，拍打空气飞行；而风筝则属于“定翼飞行器”，依靠自身与空气相对运动产生的动力飞升。因

此，将木鸢视作风筝的前身是非常牵强的。但是，这种观点忽略了一点，那就是木鸢不一定是“扑翼”的，因为像现代定义的滑翔机，同样可以在空中翱翔。因此，不能简单否定木鸢是风筝前身的论点。

第二种观点认为风筝起源于秦末汉初。这种观点的依据是有关韩信制作风筝的传说。宋代高承所著的《事物纪原》一书中曾有关于这一传说的记载。书中写道：“俗谓之风筝，古今相传是韩信所作。高祖之征陈稀也，信谋从中起，放作纸鸢放之，以量未央宫远近，欲以穿地隧入宫也。盖昔传如此，理或然矣。”此说纯是后人推测，事迹均不见史传，因此很难认为风筝源于韩信。

第三种观点认为风筝起源于五代。魏崧在《壹是纪始》中指出：“纸鸢始于五代。”近人徐柯《清稗类钞》也持此说：“风筝，纸鸢也，五代时，李邺于宫中作纸鸢。”其实，在五代以前的史书中早有关于纸鸢的明确记载，风筝源于五代的论点不攻自破。

第四种观点认为风筝起源于南北朝。《资治通鉴》卷六十二：“梁武帝太清三年，有羊车儿献策作纸鸱。”胡三省注：“纸鸱即纸鸢，今俗谓之纸鹞。”《南史·侯景传》中也有类似的记载。这种观点所依据的史料都来自正史，较之墨子、公输般造木鸢和韩信造风筝的传说，有着更高的可信度。但这些材料只是说羊车儿使用过风筝，这不等于风筝就是他最先创造的。

在这四种观点中，从史料记载和风筝产生的客观条件两方面来分析，应该说，在我国春秋战国时代，风筝已经产生，公输般与墨子是它的最早创造者。问题在于，这时出现的“木鸢”是用竹木制成的，是后世风筝的雏形；南北朝时才出现用纸糊的“纸鸢”；五代以后定名为“风筝”，沿袭至今。这是中国风筝发展的三个阶段。

古代的乘法口诀

“不管三七二十一”，出自《战国策·齐策一》。战国时，纵横家苏秦为了合纵抗秦，东游齐国，劝说齐宣王。谈到征兵问题时，苏秦说：“临淄之中七万户，臣窃度之，下户三男子，三七二十一万，不待于远县，而临淄之卒，固以二十一万矣。”按苏秦的估计，临淄城内每户不少于 3 个男子，这样就是 21 万人。如果抗秦打仗需要兵源，不需要到其他地方招募，单是一个临淄城就能有 21 万士兵。

显而易见，苏秦这样算人数是不合常理的。他的计算全然不考虑老弱病残等具体因素。所以后来人们便用“不管三七二十一”作为不分是非情由、不管一切的同义语。

“三七二十一”本是一句乘法口诀，让我们来看看有关古代乘法口诀的记载。

古代数学的发展是由简单到复杂，先出现加减法，再有乘除法，古人为计算方便，又编出乘法口诀，并逐渐加以完善。

今天我们所用的乘法口诀是自“一一如一”始，至“九九八十一”止，共45句。古代起初却自“九九八十一”始，至“二二如四”止，共36句。缺“一一如一”到“一九如九”9句。正因为是从“九九八十一”开始，所以将它称为“九九”，这一名称一直沿用下来。

九九歌诀产生的时代已无从查考。目前从古籍中搜集到的九九歌诀看，以托名春秋时代齐相管仲而作的《管子》一书，记载时间最早并保存条数较多。据统计有以下八条：

七九六十三，七八五十六，七七四十九，六七四十二，五七三十五，四七二十八，三七二十一，二七一十四。

春秋时代，齐国不仅是集政治、经济及军事于一体的大国，也是一个文化发达、学术繁荣的国家。据《吕氏春秋》《韩诗外传》等古籍记载，齐桓公为称霸天下，招揽人才特许以优厚报酬。等了一年，竟无人问津。其后有一人晋见桓公，呈“九九”作为表示才学的条件。桓公觉得可笑，因为这未免太简单了，于是鄙视地问：“九九足以见乎？”那人显然有心理准备，回答说：“夫九九薄能耳，而君犹礼之，况贤于九九者乎？”意思是说，九九歌确实称不上什么才学，如果大王对只懂九九歌的人都能重礼相待，那么还怕高明的人才不会来吗？经如此一说，桓公觉得有理，便以礼相待。消息传开，不到一月，各国有才华者纷至沓来，一时间齐国人才济济，成为历史上招贤纳士的一段佳话。

这个故事也说明，至少在春秋战国时代，九九歌诀便已广为人知，成为普及的知识。

把“九九歌”扩充至“一一如一”，这大约是公元5世纪至10世纪间的事，约成书于5世纪的《孙子算经》中已有“九九歌”的完备记载。约到十三四世纪宋朝年间，“九九歌”的顺序变成和现代所用的一样，即由“一一如一”开始，到“九九八十一”结束。

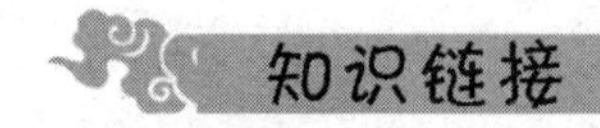

颠倒的“九九歌”

为何“九九歌”的顺序一度是颠倒的？有一种说法是，最初的顺序其实是由“二二如四”到“九九八十一”，后来人为的加以改变。改变的依据来自标准律管的长度和直径，即律管长九寸，径九分，这就出来“九九八十一”。在当时，这种律管已经被定为标准，因此乘法口诀也就随着颠倒。这又引出一个问题，律管的长度和直径为何统一为“九”？显然有更深一层的原因，愿有兴趣的读者继续探讨。

最早的温室栽培

唐贞观十九年十一月庚辰日（公元645年12月9日），唐太宗从辽东返回长安，途经易州。易州司马为了取悦唐太宗，于是命令老百姓在地下蓄火以便种植新鲜蔬菜给皇帝食用。唐太宗非但没有褒奖易州司马，反而说他一心钻营媚上功夫，浪费了民力财力，一怒之下将其罢官。这个倒霉的司马因丢了乌纱帽而“留名青史”，可他使用了中国领先于世界的一项农业技术——温室栽培。

温室栽培首次在中国历史上出现时，曾带给700多人杀身之祸。那时，秦始皇一统天下，许多儒生对他的统治表示不满，引他十分不快。有一年冬天，他在骊山脚下种瓜，结出了果实。秦始皇让这些儒生亲自去骊山观看这个“奇迹”，儒生们一到那里，就被乱箭射死，700多人无一生还。

骊山原本气候宜人，加之骊山脚下有许多温泉，为瓜果的成熟提供了非常有利的自然条件。而真正称得上开始运用温室栽培的，还得从西汉说起。当时宫廷中为了在冬季能吃到新鲜的蔬菜，在房屋里种上葱、韭菜及其他蔬菜，然后燃烧成捆的茅草来提高室内温度，并获得了成功。当时还有一种

“四时之房”，在这种温室中培育的不仅是蔬菜，还包括各种“生非其址”的“灵瑞嘉禽，丰卉殊木”。

东汉时也有温室栽培技术，当时的人认为这种技术就是“郁养强孰”。与以前不同的是，东汉的温室是“言火其下，使土气蒸发，郁暖而养之，强使先时成熟也”。也就是利用加热土壤的办法促使蔬菜成型。这种方法一直沿用到唐代，并且导致了易州司马的悲惨命运。

秦汉以后，温室被广泛地运用于花卉和水果的反季节栽培，这其中最有名的当属堂花术。堂花术又叫作唐花术，方法是用纸做成房子，房中有沟，在沟中倒入热水，再施上牛粪、马尿和硫黄，不仅可以增加土壤的肥力，还能提高花室温度。这种栽培方法在当时被看作是一种“足以侔造化，通仙灵”的神奇技术。

用温室来催生非应季的菜蔬还不算难事，而想要用来移栽便显得尤为困难了。汉代长安所建的扶荔宫可能就是一处移植荔枝的温室，尽管经过多次移栽，最终还是以失败告终。唐代设有一种专门负责利用温泉来优化蔬菜瓜果栽培的机构，叫作温汤监，据推测，其有可能将这项技术应用于橘树种植。同汉代一样，这种尝试也以失败告终。仅有一次，大概因为树种及气候的缘故，居然结出了150余个果子。虽然其余都未能成活，但是这150个果子也足以让人热血沸腾，因此皇帝马上将这些果子称为“祥瑞”。由此看来，中国温室蔬菜领先欧美2000多年。

虽然温室栽培果蔬给人们带来许多好处，大多数人们却从心底抵触温室栽培。汉代就有人认为，温室蔬菜是“不时之物”，可能会对人体有害，于是朝廷一度下令禁止食用温室栽培出来的作物。汉元帝末年，管理宫廷供应的官员召信臣就以生产“非时之物”为理由，奏请撤销太官园温室。东汉永初七年（公元113年）邓皇后下令，宫室尽量避免用“或郁养强孰，或穿凿萌芽”的办法培育“不时之物”。为了减少“不时之物”的危害，仅留下几种作物继续培植，而其余的二十三种一律禁止种植。

最早的酱油

酱油是一种将煮熟的豆、麦发酵后加盐酿制而成的厨房用品。

酱油最早是由中国发明的。距今2000多年前的西汉时，中国就已经普遍地酿制和食用酱油了，此时世界上其他国家还没有酱油。但考虑到酱油和酱的制造工艺极其相近，且中国在周朝时就已发明了酱，所以学者们推测酱油的发明也应远在汉代之前。

酱存放时间过长，其表面会出现一层汤汁。人们品尝这种酱汁后，发现它的味道很不错。于是便改进了制酱工艺，特意酿制酱汁，这也许是酱油诞生的最早过程。

制作酱油时，黄豆的蛋白质经发酵分解为氨基酸，其中的谷氨酸又会与盐作用生成谷氨酸钠。谷氨酸钠事实上就是今天的味精，所以酱油具有一股独特的鲜味。

《齐民要术》中提到“酱清”“豆酱油”，有可能是酱油的最初名称。酱油是在酱坯里压榨抽取出来的，工艺在制酱基础上又前进了一步。

宋代始有酱油的文字记载。如林洪《山家清供》：“柳叶韭：韭菜嫩者，用柳丝、酱油、滴醋拌食。”但当时的酱油，只是在制成清酱的基础上，原始地用酒笼（一种取酒的工具）逼出酱汁。做清酱与做一般豆酱的区别在于，要不断地捞出豆渣，加水加盐慢慢熬制而成。逼酱汁时，将盛酱的酒笼置于缸中，等生实缸底后，将酒笼中的浑酱不断地挖出来，使之渐渐见底，然后在酒笼上压一重物，使之不可上浮。沉淀一夜后，酒笼中就是纯清的酱汁。将酱汁缓缓舀出，注进洁净的缸坛，在太阳下晾晒半月，酱油便制作而成了。

有一种古老的说法，自立秋之日起，夜露天降，深秋制作的第一笼酱油，叫“秋油”，调和食味最佳。清《调鼎集》中，记有“造酱油论”，其中举例五则。

（1）做酱油越陈越好，有留至10年者，极佳。乳腐同。每坛酱油浇入麻油少许，更香。又，酱油滤出，入瓮，用瓦盆盖口，以石灰封口，日日晒之，倍胜于煎。

（2）做酱油，豆多味鲜，面多味甜。北豆有力，湘豆无力。

（3）酱油缸内，于中秋后入甘草汁一杯，不生花。又，日色晒足，亦不起花。未至中秋不可入。用清明柳条，止酱、醋潮湿。

（4）做酱油，头年腊月贮存河水，候伏日用，味鲜。或用腊月滚水。酱味不正，取米雹（米粒大冰雹）一二斗入瓮，或取冬月霜投之，即佳。

（5）酱油自六月起，至八月止，悬一粉牌，写初一至三十日。遇晴天，每日下加一圈。扣定90日，其味始足，名“三伏秋油”。又，酱油坛，用草乌六七个，每个切作四块，排坛底四边及中心，有虫即充，永不再生。若加百倍，尤妙。

到了清朝时期，各地酱油作坊如雨后春笋般出现，已发明了包括香蕈、虾子在内的各种酱油，在当时，酱油种类共两种，分别为红酱油和白酱油。酱油的提取方法也开始叫作“抽”。本色者称“生抽”，在日光下复晒使之增色、酱味变浓者，称“老抽”。

古人的飞天梦

我国先民很早之前就怀有飞上天空的梦想，甚至想飞上美丽神秘的月宫里去。嫦娥奔月的神话，敦煌壁画中的飞天形象，都很好地反映出中国古人的飞天心理。

在古代人们的想象中，人类的飞翔有着不同的途径。根据神话传说，嫦娥吃了一种不死药后，身体变得轻盈起来，抱着小兔飞到了月亮上。中华民族的祖先黄帝炼铸成九只大鼎以后，天上的神龙下来迎接他，他乘在龙的背上飞上了天。《东周列国志》载：秦穆公时有一对名叫箫史和弄玉的夫妻，吹起了动听的洞箫，优美的音乐引来飞龙和凤凰，两人一个乘龙，一个跨凤，双双飞到了天上。由此可知，在古人心中要想飞上天空有两种途径，一种是靠仙药，另一种是借用龙和凤等神圣动物。

仙药无处寻找，龙凤等神圣的动物也极难寻觅。到了春秋战国时期，人们便转向试制飞行器，希望用自身的才识和器具实现飞上天的愿望。鸟类是最常见的飞行动物，人们渴望飞天的心理，事实上也来自鸟类，所以古人的飞行试验，就是从模仿鸟类开始的。《韩非子·外储说》有记载称，墨家的创始人墨翟，曾经花了三年时间，制作过一只木鸢，飞了整整一天才落下来。《墨子·鲁问篇》则说，木匠的祖师公输般（鲁班）用木和竹制作了一只喜鹊，一连飞了三天三夜仍不落地。这表明，当时的人们曾进行过制作飞行器的尝试，飞行器已能在天空中滑翔一段时间和距离。从企盼神药、圣物，到自己动手，这是一个质的变化，表明中国古人开始从对神灵的依赖和迷信中解放出来，开始依靠自己的聪明才智来实现飞翔的理想。

后来，又有人沿着这个思路继续探索。据说东汉大科学家张衡，也曾制作过一只腹腔内装有机械的大木雕，能够飞行很远的距离。唐代韩志和制作过一只大木鸟，也是腹中装有机关，开动以后，能够升高一百多尺，飞行四五百尺的距离。据说这木鸟还能做出饮水、啄食的动作。这两件事也都是野史所记，是否可靠，无从考证。但是，它证明了古代中国人仍然在孜孜不倦地试验着、探索着空中飞行的可能性。

木鸢也好，木雕、木鸟也好，还都只是飞行器，并且完全是模仿鸟类的飞行器。有些人却不满足于制作飞行器，他们更希望自身拥有飞上天空的能力。据《汉书·王莽传》记载，王莽曾招募有特殊技能的人，随军攻打匈奴。应募者上万，有个人说能一天飞上千里路，侦察匈奴的虚实；有的说大军不必带粮食，只吃一种药就行了；又有人说他能涉水而过，如履平地。王莽认为后两种说法太荒诞，只命那个声称会飞的人进行表演。那个人用大鸟的翅羽做成两只很大的翅膀，头上和身上都粘上了很多羽毛，全身"通引环纽"，飞了几百步便坠落下来。王莽感到这种行为无法适用于战场上，于是便没有任用此人。这人是怎么飞的？是利用"环纽"扇动两个翅膀，乘气流滑翔；还是像放风筝一样，利用风力在空中升飞；则不得而知。但飞了数百步，该是可信的。尽管只飞行了数百步，王莽攻打匈奴时也没有使用，却是了不起的飞行奇迹，在飞行史上有重要的意义。直到20世纪初飞机出现以前，还没有人利用飞行器飞行数百步的记载。美国发明家莱特兄弟发明最早成功飞行的飞机，也不过飞了几百米。

墨子制造的木鸢滑行，和王莽时代利用鸟翼飞行数百步的事实，进一步拓展了人们的思路。东晋学者葛洪是个炼丹家，他曾研究能使人吃了飞升成仙的丹药，这当然是无稽之谈。但是他在炼丹过程中，也曾设想一种依靠机械的力量进行飞行的方法。他在杭州西湖东北面的葛岭（这名称实由葛洪而来）修行炼丹，看到老鹰在空中飞翔时，常常张着翅膀不动，就可自由地上升或下降，便想造出一种有巨大翅膀的"飞车"，能够让人乘坐飞升。这里，葛洪所设想的"飞车"，已经不是对鸟身的简单模仿；他所设想的鹰翼，也由不停地扇动变成固定的了。尽管葛洪没有对他的这一设想进行试验，但这一设想本身，却比简单模仿鸟类大大前进了一步，也极为接近于早期飞机的构形。

北齐文宣帝高洋，是个暴虐淫乱又喜欢异想天开的皇帝。他在京城用木料建成了数个高27丈的高台。间距都是200多尺。工匠施工，系了保险绳仍然心惊胆战。文宣帝却在完工后爬上台顶的房脊，时而行走如飞，时而旋转起舞。大臣们不敢往上爬，文宣帝就命令把监狱的一批囚犯押来，给每个人绑上用席子做的大翅膀，从台上向下飞。落地时能飞到台基150尺以外的人，可以免除刑罚。结果，胆子大的人都飞过了规定距离，胆小子小的人不是跌死，就是伤残。这里的"飞"，实际上是滑翔。文宣帝这种

举动，自然是恶作剧，更属于草菅人命。但其中有试验飞翔的成分，而且，对飞翔的构想，已经不再局限于简单地制作鸟翼，而是开始寻找鸟羽的替代物了。

自从火药被应用到军事上以后，我国出现了类似现代火箭原理的用火药发射的箭和石炮。这期间，有人竟然想要利用火箭飞上天空。金元时期，有一个人制作了一个可以乘坐的木架，架下绑上了47支“起花”，即帮助推升的火药筒。这位试验者坐上木架，手里拿着两把大扇子，准备作为升空后煽动飞行的工具。“起花”点燃后，这个人没有升起多高，就跌落下来丢了性命。这一悲剧，虽然付出了惨重的代价，但是仍然具有重要的科学价值。用火药作为推动力是一个大胆的设想，他制作的原始火箭，可以看作是现代阿波罗登月火箭的雏形，和现代火箭的原理十分类似，称得上是最早的“载人火箭”。

古代还曾出现过其他许多种飞行器，如风筝、竹蜻蜓、气球等。风筝，至少在战国末期就出现了，相传刘邦和项羽在垓下酣战时，张良（一说为韩信）就曾利用风筝侦察项羽军队的情况，并散发瓦解项羽军心。竹蜻蜓也是飞空的工具。其飞向空中完全是依靠叶片的转动。直到今天，仍然是孩子们喜爱的玩具。气球又叫作“孔明灯”，用皮革或油纸做成球状物，下面有气道，球下系一盏灯，灯点燃后，灯内充满热气，使比重减小，加上热空气从下端喷出，造成反作用力，就可以推动气球徐徐飞向空中。从科学原理而言，它比西方发明的热气球更合理。它不仅包含了热气球的原理，也包含了火箭的反作用力原理，只是这种反作用力非常微弱罢了。不过，这几种飞行器，由于动力不足，一直作为玩具使用，没有进行过载人飞行试验。

无论如何，中国古代人民的飞行探索仍然具有科学意义。中国古代的飞空探索表明，我国人民是敢于梦想的人民，人们的飞天想象中，有仙药幻想，有仿生幻想，有机械的幻想。科学幻想在科学发展中是引导人们探索的不竭动力，也是科学家孜孜以求的精神源泉。不仅艺术创作需要幻想，科学探索也需要幻想。只有充满幻想的民族，才会有取之不竭的创新能力。

知识链接

“走马灯”中的玄机

出现在中国北宋时期的“走马灯”，是我国长期流行于民间，受到人民群众喜爱的玩具，同样是世界上最早利用热气流产生机械旋转的装置。

走马灯到底是什么时候发明的，对此人们议论纷纷。科学史研究者大都依据文学家范成大（1126—1193 年）的诗文记载，认为走马灯起源于南宋时期。范成大的诗集中有首记叙苏州正月十五上元节的诗，诗中描绘了千姿百态的灯。诸如飘升于天的孔明灯，在地上滚动的大滚灯，以及“转影骑纵横的走马灯”等。当时似乎还没有“走马灯”这一名称，诗人自注为“马骑灯”。诗人所记为淳熙十一年之事，即公元 1184 年。

事实上，早在西汉时已有类似热气球原理的试验，后人制成孔明灯。考古时也发现，东汉时类似走马灯叶轮（俗称“伞”）的装置，纸风车也已成为儿童玩具。唐代的灯具，有非常古怪的“仙音烛”，就是指能够奏出动听音乐的灯烛。据有关文献记载：“其形状如高层露台，杂宝为之，花鸟皆玲珑。台上安烛，烛点燃，则玲珑者皆动，叮当清妙。烛尽绝响，莫测其理。”

我们知道，空气在燃烧受热后上升，冷空气进入补充，由此而产生空气对流。走马灯就是利用燃烧加热而上升的空气推动纸轮旋转而制成的。南宋姜夔在《白石道人诗集》中谈到走马灯时说：“纷纷铁马小回旋，幻出曹公大战车。”周密在《武林旧事》中记载道：“罗帛灯之类尤多……若沙戏影灯（走马灯），马骑人物，旋转如飞……”

走马灯

走马灯有极为简单的构造结构。它是在一根主轴的上部横装一个叶轮，叶轮下面、主轴底部

的近旁安装一个烛座，蜡烛燃烧后，上方空气受热膨胀，密度降低，热空气即上升，而冷空气由下方进入补充，产生空气对流，从而推动叶轮旋转。在主轴的中部，沿水平方向横装四根铁丝，外面贴上纸剪的人马。夜间纸人纸马随着叶轮和主轴旋转，影子就投射到灯笼的纸（或纱）罩上，从外面看，就呈现出前面诗文中所说的“旋转如飞”的有趣表演。

走马灯的构造原理和现代的燃气涡轮机是极为类似的，换句话说，走马灯是燃气涡轮机的萌芽。欧洲在1550年发明了燃气轮，用于烤肉，以后在工业革命中，燃气轮得到发展，用于工业生产，产生革命性的成果。可惜的是，中国古代发现、利用了空气驱动的原理，仅仅用于制造玩具，但始终没有能进一步加以研究，使之在生产活动中加以应用。

算盘的发明

所谓“算盘”，就是在科技相对落后时的古代人们用来计算的工具。它的发明，大大方便了数学运算，解放了人的脑力劳动强度。这是数学史上的一项重要成就，也是人类智力解放史上的重要一步。

算盘发明的一个重大意义就是使计算速度大大提高。数学运算发展过程中，人们曾使用算筹来帮助计算。用算筹计算，要根据它的排列、位置、数量来决定数的大小，使用比较复杂，同样较易出现误差。发明了算盘，就大大简化了算法，使运算速度大大提高。今天，一些熟练的高手用算盘计算的速度，几乎可以与计算器相媲美。由于商品交换的发展，交易数量增加，计算任务很重，所以，古人发明的算盘，对社会的发展起到不容忽视的作用。

算盘发明的意义还在于，算盘也是开发智力的工具。它用形象的算珠子代表数字，使运算更加直观，使数学教育更加方便、简单。打算盘要用手，手的活动能很好地促进脑的发展。用算盘计算，对开发儿童的智力很有好处。

我国的算盘起源于何时？这个问题，史学者尚未达成共识。

有些学者认为算盘起源于西周。其根据是，西周宫室遗址曾挖掘出90粒

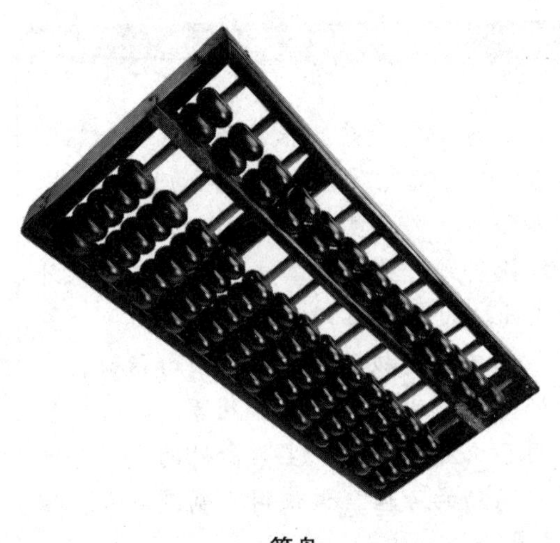
算盘

陶丸，根据其出土的位置、形态和颜色。有人认为，它是计算的工具，可能是我国最早算盘上的珠子。如果它们的确是算盘的零件，那么，中国的算盘就发明于 3000 年前的周朝。但是，有人认为，这些珠子，可能是玩具，也可能是打鸟用的弹丸。在周朝，人的抽象思维能力包括计算能力还处于尚未萌芽阶段，发明算盘的可能性不大，用珠算似乎不太现实。而且当时的商品交换主要是以物易物，几乎没有多少场合需要用到计算。

据施宣圆等主编《文化之谜》一书的研究，有人认为算盘产生于汉代，其根据是，东汉灵帝时数学家徐岳著有《数术记遗》一书，书中记载了 14 种计算的方法，其中，第 13 种是珠算。北周甄鸾注解此书说："刻板为三分，其上下二分，以停游珠，中间一分，以定算位。位各五珠，上一珠与下四珠色别……"这里介绍的内容非常类似于现代的算盘。1954 年，考古工作者在沂南古汉墓的第 6 幅拓片上，发现有一长方形盘，盘中有 3 格，每格排列 8 颗珠，类似算盘。但是，有学者认为，《数术记遗》这本书是后人伪托的，古墓中的类似物件可能不是算盘，而是卜卦之类的迷信物品。

笔者认为，算盘很可能萌芽于久远的年代，但在宋代趋于成熟。1921 年，河北巨鹿县宋代故城出土了一粒珠子，是宋朝物品，珠子中间有一个小孔，似乎是用来穿在算盘的竹棍上的。宋代有名为《盘珠集》及《走盘集》的书。"盘珠""走盘"这样的名称，通常而言，总是有了算盘以后才会产生的概念。因此，可以据此推算此时算盘已经诞生了。

关于算盘的悠久起源说，我们在古代名画中也可窥之一二。在著名的国画《清明上河图》中，有一家药铺，药铺的桌子上放着一样东西，形如算盘。两个珠算史专家将画中的算盘放大，大多数人认为这就是算盘无疑，也有少部分人认为这只不过是钱盘而已。元代陶宗仪的《南村辍耕录》，曾引用当时的谚语，说："纳婢仆，刚来时擂盘珠，不拨自动；稍久，像算盘珠，拨了才动；时间一长，像佛顶珠，拨了也不动。"这种谚语，显而易见正是算盘发明

后才产生的。它与现代人批评别人没有主动性时，“像算盘珠，拨一拨，动一动”的话，非常相似。

算盘在宋朝成熟，也与宋朝市井社会的高度发展密切相关。宋朝城市的规模扩大，居民增多，形成了市民阶层，市场繁荣，交易增加。市井中人购买物品，迫切需要计算的工具。算盘的普遍使用适应了社会的这一需要。

不过，算盘究竟是什么时候发明的，至今仍没有定论，需要挖掘更多的史料，特别是实物史料。但是无论如何 ，中国古代人民充分运用了自己的智慧，发明了算盘，让抽象的计算变得具体形象，大大加快了运算的速度。算盘发明以后，又成为智力开发的工具。可以说，算盘是一种富有智慧、促进智慧的发明。

别具风格的油漆技术

漆，是原产于我国的漆科木本植物——漆树的一种生理分泌物，主要成分为漆醇。初采集的漆含水量稍大称为“生漆”，经过日晒脱水就成为黏状液体的“熟漆”。它与空气接触表面呈褐色而内部则为乳白色，因而需要密封保存。用时调入颜色就成为有色漆。

桐油也是我国特产，它是从油桐种子中榨取出的黄色干性植物油，主要成分为桐油酸。不能食用，是一种工业用油。

漆和桐油都具有成膜性能，涂刷在器物上，风干后就自动形成一层能够保护器物不受腐蚀的薄膜。漆的产量低而价贵，桐油则产量高而价廉，而且桐油有亮度高的优点，不过就抗老化的性能而言，则比不上漆。因此古代常把桐油作为稀释剂掺入漆内。最迟在战国时期，就已经油、漆并用。考古学家发现战国时期墓葬中出土的漆器已有淡色漆，如淡黄、淡绿、淡蓝和白色等。据《髹饰录》杨明注中有这样一段话，大致意思是漆仅能用于暗色，而白色或天蓝、桃红等浅色则需要用油才能显色。油漆工在实践中也证实了以上论述。

我国古代先民发现、认识并加以利用漆的特性，是从新石器时代开始的。《韩非子·十过篇》说：尧禅位于舜，制作饮食用具，用黑漆涂刷在上面。舜传位于禹，制祭器，外面漆成黑色，里面漆成红色。《禹贡》有“沇州……其贡漆丝”的说法。考古发掘中，在浙江余姚河姆渡（距今6700年左右）和江苏吴江县（距今4000年左右）新石器时代遗址中，前者出土有红漆木碗，后

者发现漆绘陶罐，在时间上早于传说中的舜、禹执政时期。

在发掘安阳殷墟遗址时，曾发现过红色雕花木器印痕。1976 年在殷墟五号墓中出土棺木，表面有红色、黑色漆皮，其厚度约为 1.5 厘米，是经过数次涂漆而成。

周代《诗经》就有“山有漆”和“椅桐梓漆”等诗句。从西周到战国所用战车和有些用具大都是用漆涂饰，从这一时期所发掘的许多殉葬车马坑和墓葬中都可以看到漆的痕迹。秦汉之际，出土漆器较多，湖北云梦睡虎地 11 座秦墓中，出土了大量漆器，仅 11 号墓就高达 140 多件。北京丰台大葆台发掘的西汉墓（系汉武帝子燕王刘旦夫妇墓）出土的漆器为当时代表作，其中有巨大的漆床、漆案和兵器架，有镶嵌玛瑙、玳瑁、云母和镶有鎏金铜箍的各种漆器，其种类之多，形体之大，镶嵌之巧，纹饰之精，都足以表明，当时已经达到较高水准的制漆工艺技术。其他如长沙马王堆汉墓、安徽阜阳双古堆汉墓，均出土了大批精美的漆器。

汉代主要漆器产地是四川蜀郡和广汉郡，当时那里都设有宫廷工官监造漆器，其中最著名的就是用金、玉装饰的漆器。《盐铁论·敬不足篇》中说：“富者银口黄耳，金垒玉钟。中者舒玉紵器，金错蜀杯。”指的多是这种漆器。当时宫廷作坊中，已有较细的分工，有制胎工（漆器内胎）、鎏金工、画工、修态工等名目，还有特建的“阴室”，就是指将漆器放置到阴湿的环境中，使其易于成膜，干后也不易发生裂纹。

在中国古代，漆树种植完全掌据在统治阶级的手中。战国时的庄周（庄子）曾做过漆园吏（掌管官营漆林的官）。东汉人樊重（光武帝刘秀的外祖父）准备制作一批家具，就先栽植漆树，当时有人笑他，但漆树长成后大得其用，而笑他的人也纷纷忍不住向他借漆使用。由此可知，当时哪怕是皇亲国戚，也很难在市场上购买到漆，平民百姓就更不用说了。直到明清时代，朝廷还有自己规模宏大的种植漆、桐园地。

汉代漆器，多用木或苎麻做内胎。唐代盛行“夹纻造像”（其发明时间，据说是晋代或南北朝），就是用苎麻和漆塑造而成的空心佛像。制作时用泥沙或竹（木）片做胎，将苎麻和漆一层层地涂布上去，最后抽去内胎［有的竹（木）片不一定抽出］，雕塑成像。其中，最有名的是唐武则天证圣元年（公元695 年）所造的一座巨大佛像。据《资治通鉴》记载：“太后命僧怀义作夹纻大像，其小指中犹容数十人。”唐人张鷟的《朝野佥载》中说：“周证圣元年，薛师名怀义，造功德堂一千尺（高）于明堂之北，其中大像高九百尺，

鼻如千斛船，中容数十人并坐，夹纻以漆为之。”遗憾的是，我国的这种漆制艺术精品早已消失在历史的潮流中，而一衣带水的邻邦日本，则还有这种实物遗存。1980年4月，供奉在日本奈良唐招提寺的我国唐代高僧鉴真和尚像，飞渡沧海，回国“探亲”，这尊像就是鉴真弟子在他临终前用干漆夹纻塑造的。日本人将之称作“国宝”。

我国还发明了一种“脱胎”漆器，是用纯漆制成，不掺杂其他物质，质量很轻并且不易腐蚀。以制脱胎花瓶为例，方法是先制泥芯，用涂有浆糊的坚韧细绳环绕在泥芯外面并露出绳头。绳的外部再涂上润滑剂。以上工序完成后，就在绳坯上刷上若干层漆料直到所需厚度为止。完全干燥后进行外部装饰。最后捣碎泥芯，抽动留在外面的绳头，一圈圈将绳抽完，再将瓶内部的绳纹用漆填补，就成为脱胎花瓶。

“剔红”技术发明于唐代，方法是先在胎体上涂刷数层朱红底漆，在漆上刻划出原设计的深花纹。以后每上一二道朱漆，将已刻花纹上余漆剔去，到一定厚度再刻浅花纹，逐次进行，就显现出有立体感的朱红色艳丽图案。这样制作的方式，相比涂刷成厚漆时再行雕刻，有花纹准确生动、漆不脱裂和节省雕刻时间等优点。

在汉代嵌镶金银的基础上，唐代又发明出叫作“金银平脱”的工艺，就是在漆胎上胶粘刻花的金银薄片，再上漆加以磨光，显现出金光灿烂的花纹。元代又开创出“创金”方法，即在制成的漆器上刻上花纹，填入金（银）粉，压打磨光后，漆器可呈现出不同于嵌镶或金银平脱的光彩，比嵌镶省工且花纹生动。

从汉代开始，亚洲各国就陆续获得我国的漆器和制漆技术。漆器制造，先后在朝鲜、日本、缅甸、印度、柬埔寨及中亚、西亚等国家生根发芽，后发展为亚洲独特的手工艺品。到17世纪后，欧洲才仿制我国漆器获得成就。当时以法国所制的漆器为最佳，但欧洲最初的漆制品，还深深受到我国制漆技术的影响，形成了中欧混合的所谓“洛可可”艺术风格。

我国特产桐油，在13世纪意大利人马可波罗的游记中已有记载。直到16世纪，才由葡萄牙人传入欧洲。美国到19世纪才大量进口我国桐油以代替干燥性不强的亚麻仁油来制造油漆。1902年，美国才开始自己种植油桐树。

古代有特色的车子

1. 古代的计程车——记里鼓车

记里鼓车犹如现在出租汽车上的计程器，每行 1 里路就击 1 次鼓，使人可以数出行路的里程。

关于记里鼓车的结构和尺寸，《宋史·舆服志》中有两处记载，一是天圣年间卢道隆造的记里鼓车，二是大观年间吴德仁造的记里鼓车。

卢道隆造的记里鼓车有 2 个足轮，轮子直径 6 尺，圆周 18 尺。另有 6 个齿轮组成一个齿轮系统，古代许多著作中都明确记载了其各个齿轮的大小及齿数。当车轮开始转动时，齿轮系统也随之运动起来。当车轮停止转动的时候，齿轮系统也停止了运动。

由于足轮的圆周 18 尺，往前转动 100 周，即前行 180 丈，恰巧就是一里的路程。这时，名为“中平轮”的齿轮只转动 1 周。中平轮的轴上安装着一个起凸轮作用的拨子，可以拨动车上方一个木人的手臂，使木人击鼓 1 次。车上的人一听到木人的击鼓声，就知道车子又前行了 1 里路。

车上还安着一个称作“上平轮”的齿轮，该齿轮恰好转动 1 周，就意味着车子已经前行了 10 里的距离。这时，安在它上面的拨子就自动拨动另一个木人的手臂，使这个木人击鼓 1 次。车上的人一听到木人的击鼓声，就知道车子又前进了 10 里路。

北宋末年，吴德仁按照古书记载重新创造过指南车和记里鼓车。从齿轮系统的结构来看，记里鼓车比指南车还要复杂一些。这两种车子最晚在汉魏时期即已出现，它反映了我国古代极为高超的机械技术水准。

2. 秦陵中的铜马车

在发掘秦始皇陵墓的过程中，我国考古学家曾在一座陪葬坑内出土了两辆大型彩绘铜马车，彰显出我国古代卓越的制造工艺。

从已经修复的二号铜马车来看，两个轮子，单辕，前驾 4 匹铜马。有的学者把车和马合在一起，统称为“铜车马”。车的外形就像后世的轿车，有前后两室，前室相当于现在车辆的驾驶室，供驾车人居处。后室四周有厢板，

记里鼓车

两侧各有一窗，顶有拱形篷盖。前室同样处于篷盖之下。铜车马的大小大体相当于真车马的一半。车上绘着彩色花纹，又有大量金银饰物，显得富丽堂皇。据有关专家研究，这种车古称“安车”，俗名又叫作“辒辌车”。传闻，秦始皇就是乘坐这种车子数次外出巡游。

二号铜车马重 1241 千克，有零部件 3462 个，其中，铜铸件 1742 个，金制件 737 个，银制件 983 个，制造工艺复杂，成为研究我国古代科技的典型实物资料。

铸件的种类那么多，形状不同，大小不一，所起的作用不一，因而各部件的成分和铸造方法也不同。经专家进行光谱分析和化学分析，铜车的主要成分为铜、锡、铅以及一些其他微量元素。专家发现，当时的工匠根据各个铸件的特定性能，采用了不同的合金比例，充分表明当时人们已熟练地掌握了铜、锡、铅等金属的性能，并总结出了一整套的合金搭配比例。

车上的零件有大有小，有厚有薄，大件面积达 2 平方米，小的却不到 1 平方厘米。其形状又多种多样，这是按照部件的形状和特点，采用不同铸法的结果。

秦代时，马车的组装工艺同样达到了非常高的水平。这套铜车马有接口近4000个，活动接口有3000多个，焊接口有609个，带纹接口182个。把那么多的部件组装成一个整体，需要运用焊接、铸接、扣接、转轴连接、插接、套接、销钉固定等多种组装工艺，其难度可见一斑。这辆铜车是当时冶金和金属制造各种工艺技术的综合体现。

可以说，秦陵中的铜马车是我国古代文化的宝贵遗产。通过它，人们能够看到我国古代在车舆制造方面的高超技术。

知识链接

古代最先进的车马系驾法

在中国古代，我国先民创造的车马系驾法在世界上来说都是遥遥领先的。

商、周时代，中国采用的是轭鞠（轭，牛马等拉东西时架在脖子上的器具；鞠，引车前行的皮带）式系驾法，马的承力点在肩胛两侧接轭之处。约公元前4世纪留传下来的一只漆盒子上，画着一匹马，套着轭具，马车辕上的挽绳就拴在马轭上。公元前2世纪，又把轭鞠法改进为更简便的胸带式系驾法。胸带法将以前车的鞅（古代用马拉车时安在马脖子上的皮套子）与靷相连接，承力部位降至马胸前，使轭变成一个支点，仅仅起到支撑衡、辕的作用。

西方在古代采用的是颈带式系驾法，即将马用颈带系在车轭上，轭接衡，衡连着辕，驾车的马就以颈带负衡曳辕前进。由于颈带压迫马的气管，马奔走越快，呼吸越困难，如果奋力前行，就有可能把自己勒死。因而，马力的发挥由于颈带法的缘故受到了很大的制约。直到公元8世纪，西方才将颈带法改进为胸带法。

13世纪60年代，中国又完成了鞍套式系驾法的创造，而西方直到14世纪才有使用鞍套式系驾法的文字记载。直到今天，鞍套式系驾法仍然属于世界上通用的系驾方法。

第二章

历史悠久的农业科技

农业是人类抵御自然灾害和赖以生存的根本,农业养活并发展了人类,可以说没有农业就没有人类的一切,更不会有人类的现代文明。从远古社会的“刀耕火种”发展到“石器锄耕”;从春秋战国时期铁犁牛耕到明清社会的精耕细作,我国的农业科技水平在不断跨越、不断发展。阅读本章,你将进一步领略中华农业文明的无限辉煌!

第一节 走进古代农业

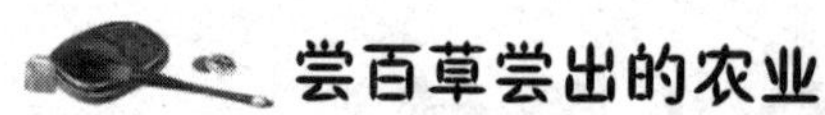

尝百草尝出的农业

神农，是传说中远古时代的“三皇”之一。他敢于亲自品尝百草，教导民众农业耕作技术，不愧是我国医药业和农业的始祖。

远古时代，五谷杂草难以区分，药材百花生长一处。哪些植物可以做粮食，哪些药草可以治病，谁也分不清。随着人口的不断增长，人们越来越需要更多的食物。

当时，科学发展水平非常落后，人们对漫山遍野的植物一知半解，经常因为饥饿而误食有毒的植物，又因没有药来治疗而死掉。

神农看到了黎民的疾苦，他下定决心要亲口尝一尝各种野生植物的滋味，用来确定哪些植物可以吃，哪些植物不能吃，哪些植物好吃，哪些植物不好吃。虽然他心里非常清楚，他很有可能会因吃到有毒的植物而死掉，但是为了百姓从此不再忍饥挨饿，为了百姓以后不再吃到有毒的植物，他挺身而出。

关于神农尝百草，有许多质朴感人的传说在民间流传至今。据说有一次，他把一棵草放在嘴里一尝，不一会儿就感觉到天旋地转，栽倒在地上。随从慌忙把他扶起来，他心里知道自己中了毒，可是嘴巴却不能说话，于是，他就用最后的一点力气，指了指身边一棵红亮亮的灵芝草，又指了指自己的嘴。随从就摘了灵芝放在嘴里嚼了之后，喂到他嘴里。神农吃了灵芝草，才救回自己的一条命。从此，人们都说灵芝草能够起死回生。

神农每天不停地尝百草，不可避免地要中毒，他一天之内最多曾遇到70多次毒，所以他的身边也备有一种解毒的药草，名为“茶”（“查”的

谐音)。他一吃到有毒的植物，立刻服茶，让茶叶顺着肠胃一路冲洗下来，就可以把毒排出体外。神农最后一次尝到了一种叫断肠草的剧毒植物，最终不治身亡。

从这些动人的传说中，我们也可以体会到神农尝百草所经历的种种艰辛和危险。功夫不负苦心人！他尝出了稻、麦、黍、稷、豆这些能够充饥的农作物，这就是后来的“五谷”；他尝出了各种能吃的蔬菜和水果，都一一做了记录；他也尝出了365种草药，写成了《神农本草》。

在尝百草的过程中，神农通过细心的观察发现，植物随季节变化枯荣交替，以及不同的植物只适宜种植在与之相适应的土壤里。于是，他利用天气的变化指导人们种植农作物，这样就可以有计划地收集果实、种子作为食物，这就是我国农业的起源。

事实上，神农是我国原始种植业和畜牧业发展初期的一个人物。所有有关神农的传说，都是中国农业从发生到确立整个历史时代的反映。

原始耕作技术

我国原始农业的耕作技术就是“刀耕火种”。我国长江流域在唐宋以前还保留着这种原始的耕作方式，称为“畲田”。“刀耕火种”的方法非常简单，一般是人们在初春时选择森林边缘隙地或是树木稀疏的林地，将林木砍倒，然后在春雨来临之前，纵火焚烧，灰烬用作农田肥料，第二天趁土热下种，然后就等着收获。种植两三年后，土肥就已枯竭，需要另觅新地重新砍烧种植，农史学家将之称作“游耕”。

除了有关神农的神话传说以外，我们已有越来越多的考古学证据表明：中国是世界上从事农业生产最早的国家之一，是世界农业的起源中心之一，也是世界农作物的起源中心之一。早在七八千年前的新石器时代早期，我国先民就在长江流域种植水稻，在黄河流域种植耐干旱的粟。到了新石器时代晚期，中国已有苎麻、大麻、蚕豆、花生、芝麻、葫芦、菱角和豆类等农作物种植。中国新石器时代的农业遗址更是星罗棋布，不胜枚举，分

辛勤耕作图

布在岭南到漠北、东海之滨到青藏高原的辽阔大地上，特别以黄河流域和长江流域最为密集。

中国农业产生之初是以种植业为中心的，主要方式是对野生植物进行栽培。人们在长期的采集生活中，对各种野生植物的利用价值和栽培方法做过广泛试验，最终培育出与人类需求相适应的栽培植物。中国农业早期的耕作方法是刀耕，后来进入以“锄耕”或“耜耕”为主的“熟荒耕作制”。为确立农业经济，顺手的农业工具是不可或缺的。原始农业的工具有石锛、石铲、石耜和骨耜等翻土工具，石锄、蚌锄以及有两翼的石耘田器等中耕锄草工具，还有骨镰、石镰、蚌镰、穿孔半月形石刀等收割工具，以及石磨棒之类的谷物脱壳工具。

中国早期农业生产的出现，使人们找到了稳定可靠的食物来源。人类几千年以农业为传统经济的时代序幕就此拉开。

知识链接

玉不琢，不成器

玉，原本是一种“美石”，质地细腻，有光泽，给人温和润滑的感觉，可用来制作装饰品。在6000~7000年以前，我们的祖先就已知道利用玉石雕琢器物，用来做佩戴的装饰或做神秘化物的象征。

一直到商国时代，制玉技术获得了更大的发展，统治者和一些文人对玉器赋予了新的解释和含义。比如，用制作玉器比喻人的品德和修养就是重要的一个方面。古老的诗集《诗经》中说：“有匪君子，如切如磋，如琢如磨”。其中，切、磋是治骨角的方法，琢、磨是治玉器的方法。《诗经》作者要求君子如同治骨角、治玉一样，经过切、磋、琢、磨式的加工，进而达到一种标准化人格。

在我国古代，要想制成一件精美玉器相当不易，需要经过下料作胎、钻孔、浮雕、划线刻纹、抛光等多种工艺。

下料作胎，就是依据玉器形状要求，先用劈切或锯的方法，把玉材大致弄成片形、方形或圆柱形。最早没有锯，所谓的锯是用细绳加硬沙拉磨出来的。

美玉

钻孔也十分不易，大的孔是用凿子凿穿再打磨圆整的，小孔则借细竹管或骨管加上沙慢慢磨穿的，后来才慢慢用上了金属钻孔工具。

用琢制技术制作浮雕，制作工艺更加细致，也更加复杂。浮雕的器物很多是动物造型和人物造型。出土的商代玉器中，动物有虎、象、猴、鹰、螳螂等多种造型，非常生动。玉雕人物形象有跪有立，发型服饰各不相同，面部表情细致入微，衣服纹样清晰。

玉器制作最后都要经过抛光，主要是用细石条、布帛打磨。抛光后的玉器更显得富有光泽和圆润。

在中国古代，一件精美玉器的完成常常需要耗去古人较长时间的辛勤打磨。难怪古人要把人的学习、成才同琢制玉器相比喻啊！

最早的复种轮作

复种，是指在同一块土地上，一年播种且收获两次以上的耕作方法。在一定单位面积的土地上，复种可以有效提高农作物的产量。轮作是指在一块田地上按时令季节依次轮换栽种几种作物。这样的种植方法可以改善土壤肥力，减少病害。

中国在战国时期就已经开始实施复种轮作技术。当时，随着农业生产的发展，部分地区改变了一年一熟制，把冬麦和一些春种或夏种的作物搭配起来，采取恰当的技术措施，在一年或几年之内，增加种植和收获的次数。《管子·治国》上记载：当时“嵩山（今河南登封）之东，河（黄河）汝（汝水）之间”，已经能够“四种而五获”（四年五熟）。《荀子·富国》也记载：当时黄河流域有的地方，可以“一岁而再获之”（一年两熟）。

复种轮作的耕作技术，经过历代劳动人民的智慧获得更大的发展与提高。汉代的《异物志》有记载称，南方有“一岁再种”的双季稻。东汉著名的经学家郑玄注释《周礼》时提到，在他生活的那个时期，已经流行“禾下麦”（粟收获后种麦）和“麦下种禾豆”的耕作方式。北魏的《齐民要术》对复种轮作的认识更加深刻，书中总结了一套轮作法，并对不同的轮作方式进行了比较，还特别强调了以豆保谷、养地和用地相结合的豆类谷类作物轮作制。复种轮作的推广，对促进中国古代农业的发展起了不容小觑的作用。而欧洲，直到18世纪30年代，才在英国出现轮作这种种植法。

植物的培育

我国古代在培育野生植物使其变异适合于人类的要求方面，曾做出卓越的贡献，其中对粟和稻的人工培育，优先于其他国家，这些在考古发掘中得到证实。我国是最早对大豆进行人工培养的国家，黍、稷、大麻也是最早在我国培植的。其余如果蔬林木等，我国也都具有自己培育的优良品种，并驰誉世界。

谷子古称“粟”，其植株泛称“禾”，现代小米就是指去皮后的谷子。三千多年前的商代甲骨文中已有粟、禾等字出现。

谷子是野生的狗尾草由人工培育而来的。谷子成为我国北方的主要农作物后，人们称狗尾草为莠草。《王桢农书》中说，“莠，乱苗粟之草……俗称狗尾草，全似禾。”

我国培育的谷子，品种繁多，也有籼、粳的区分。西晋《广志》记载的谷子品种有11种。到北魏，在《齐民要术》一书中，已增加到86种，并将其品种特性分别归类。其中，有早熟抗旱抗虫的，有穗有毛可抗风抗雀害的，有晚熟抗涝的等。清代《授时通考》中记载的已达257种。解放后，我国谷子品种已发展到近1500种，这代表了我国历代劳动人民辛勤培植、选育良种的丰硕成果。

我国谷种及其栽培技术很早就传入亚洲各地区，进而又传入欧洲。现在朝鲜称谷子为“粟克”，印度称为“棍谷”，苏联称为“粟米子”，基本上保留着我国“谷”和“粟”的原音。我国谷子品种在国外享有很高

饱满的谷子

声誉，尽管在非洲某地区也曾对谷子进行育种，但可惜品种低下，与我国无法相较而论。

在我国，稻谷种植的历史追溯到神农氏与黄帝时代，历史极其悠久。在南方新石器时代遗址中，常常发现稻谷，其中时间最早、数量最多的，是1973年在浙江余姚县河姆渡村发现的新石器时代遗址（距今6700多年）中出土的稻谷、稻壳以及稻的秆叶等堆积物。它们外形保存完好，有的甚至可以清楚地看到稻谷的稃。经北京植物研究所和浙江农业大学鉴定，属于人工栽培稻籼亚种中晚稻型的水稻。

江西在新干县发现了四座巨大粮仓，每座面积600平方米左右。仓内储存大量的炭化粳米，经碳－14测定，距今已有2500年的历史，是战国时期的遗物。

据有关分析，水稻很早之前就从我国南方地区扩展到北方地区。据《诗经》和《周礼》等古籍记载，商周时北方已有水稻种植。山东、河南、河北等地，已在战国和汉代的遗址中出土了稻谷。

大豆作为我国的农作物特产，传说黄帝时代所“蓺（音“毅”，意思是种植）五种”中就有“菽”，据晋人杜预注释“菽”字说：“菽，大豆也。”《诗经·大雅·生民》篇提到“荏菽”（大豆）的种植，可以说明大豆这一农作物，在我国是具有悠久历史的。

我国也是一个很早就种植蔬菜的国家。《国语·鲁语》提到远古有烈山氏的儿子名柱，“能植百谷百蔬”，这足以表明，我国种植蔬菜的历史可以和粮食种植的时间相持平。在距今六七千年的浙江余姚河姆渡遗址，除出土有大米外，也发现了葫芦种子等。在西安半坡遗址，除发现粟的储存外，在一个陶罐里还发现了保存有白菜（或系芥菜）的种子。以上这些实物的出土，说明古籍中关于远古传说的记载，有些还是可信的。

随着历史的不断发展，蔬菜品种日益增多。《诗经》中记载有瓜、瓠、韭、葵、葑（蔓菁）、芹等10多种。到北魏的《齐民要术》里已增加到31种。据现代初步统计，约有蔬菜160种，经常食用的近百种。

我国对蔬菜的人工培育和园圃的经营管理有其独到之处，不但使原产于我国的蔬菜能够获得丰硕成果，而且对国外引进的蔬菜也能逐渐改变其原来习性，培育出新的优良品种。如我国从印度引进的茄子，原始类型只有鸡蛋那么大，经我国精心培育后有长近一尺的长茄，有重达数斤的圆茄。其中，由我国精心培育的华北大圆茄，已经成为许多国家争相引种的蔬菜品种。辣椒原产于美洲，传入我国不过三四百年，已培育出许多新品种。不但大小和辣味有很大差异，而且培育出别具风味的甜椒。北京的柿子甜椒为美国引种后，被誉为“中国巨人”，风行全美。

我国劳动人民还创造了“黄化蔬菜”的技术。不但豆类可以黄化成豆芽菜，而且韭、蒜、白菜等也都能进行黄化处理。北京地区有一种黄牙白菜，是用马粪在不见风日的窑洞内培植的，“长出苗叶，皆嫩黄色，脆美无滓”（引自《本草纲目》）。宋代文学家苏东坡，有“青蒿黄韭试春盘”的诗句，由此可见，韭黄菜在当时已经成为人们餐桌上的常见蔬菜。

汉成帝时已利用温室培植冬生的蒜、韭等蔬菜。最迟在元代，我国农民已发明用阳畦培育早春韭菜。《王桢农书》中说，利用阳畦（向阳的畦）种韭，冬月用马粪覆盖，并在迎风处沿畦边以玉蜀黍秆作篱笆遮挡北风，到春时其芽早出，长到二三寸时割下作为尝新韭。这些都表现出我国劳动人民与大自然做斗争的聪明才智。

我国还有许多特产的果木，并培育出不少优良品种。

柑橘类果树是一个总称，其种类繁多，其中，以橙、柑橘、柚和柠檬最为著名。除柠檬外，其他三种原产地均在我国。

日益成熟的养蚕技术

蚕原本是野生的，以在桑树上吃桑叶为生，因而又将之称作“桑蚕”。蚕长大以后，就结网成茧。我国古代先民最初的丝织品就是利用野蚕茧的丝织就而成的。后来，人们掌握了蚕的生长规律，于是就变为人工饲养。史料表明，远在殷商以前，我国人民就掌握了人工养蚕和丝织技术。在商周时代，丝织品已被用为交换物品的媒介，可见蚕丝生产在当时的社会经济生活中已占有非常重要的地位。

在我国古籍中，关于蚕丝的记载比比皆是。《大戴礼》中《夏小正》篇记述了夏殷之际每月的物候情况：夏历三月（大致相当于今公历四月间）时，人们即修剪桑树，妇女们就开始养蚕了。从甲骨卜辞中可以看出，殷商时期人们就经常祭祀蚕神，祈求蚕神的保佑，充满了对蚕茧丰收的渴望。

在周代，养蚕和丝织已成为妇女的主要生产活动，在各地都得到蓬勃的发展。《诗经》中就有许多描述蚕桑的诗篇。如《豳风·七月》记载道：

春日载阳，（春天顶着暖融融的太阳，）

有鸣仓庚。（黄莺鸟儿声声唱。）

女执懿筐，（姑娘们提着深筐子，）

遵彼微行，（沿着小道走得忙，）

爰求柔桑。（前去采嫩桑。）

这是对当时妇女们采桑养蚕劳动情景的生动描述。这类生产活动在《仪礼》《左传》等史籍中都有许多记载。从战国时期铜器上的采桑图中，也可以看到此类劳动情景。由此可知，西周时人们已开始大面积地种植桑树。这种桑园既有高大的乔木桑，也有低矮的灌木桑。当时，人们不仅已经把蚕养在室内，而且有了专门的蚕室。从养蚕的器具看，当时已经有了蚕架和蚕箔。这表明，在商周时代，人们对植桑养蚕技术早已驾轻就熟。

蚕业生产在我国春秋战国时期各个诸侯国都受到很高的重视程度。如齐国，公开选拔养蚕能手，让他们介绍和传授经验，如果能使蚕不生病，则不仅赏赐黄金和粮食，而且可以免除兵役。晋国的公子重耳（后来称霸的晋文公）流亡齐国时，其随从曾在桑园秘密开会，商议迫使重耳另去他国。公元前6世纪末，吴、楚两国曾为争夺边境地区的桑园而展开战争。

为了养好蚕，人们对桑树的培育尤其重视。西周时，人们即利用撒种来繁殖桑苗，并培育出乔木式和灌木式两个品种。汉代已经培育出叶大肥厚的“鲁桑”（又称为“地桑”），当时已流传着“鲁桑百，丰绵帛”的谚语。南北朝时期，山东人民即用压条法来培育新桑苗，既缩短了桑苗的培育时间，又有利于旧桑苗的复壮。为了提高桑叶的质量，我国人民很早就掌握了修整桑枝的技术。他们每年把旧桑枝剪掉，让桑叶在新枝条上萌生，这样长出来的桑叶肥大厚实，质量好，从而有利于提高蚕茧的质量。

我国古代先民在培育蚕种这一重要环节中，同样掌握了丰富的经验与技术。据《礼记》记载，西周时人们就懂得用清净的川水沐浴卵面，用来消除污物，保护蚕种。宋朝时，人们已用朱砂、石灰水或盐卤水等对卵面消毒。这种消毒工作大都在蚕卵孵化的时候进行，避免蚕蚁在破卵时被病菌感染。

蚕种选择的重要性，我国古代先民在很早以前就已经意识到了。据成书于南北朝时的《齐民要术》记载：“收取蚕种，必须取居簇中者，近上则丝薄，近地则子不多。”自宋代以后，人们更是从各个方面注意选育良种，首先选出健康的蚕，让它们单独在一个地方结茧。再从中选出匀称厚实的茧留做蚕种，出蛾以后再挑出健壮的蚕蛾，对这些蚕蛾下的卵再进行挑选，如此一来就可以基本保证下一代蚕的健康。在明代，人们还掌握了用不同蚕种杂交培育良种的办法。

在养蚕实践中，人们开始认识到调节蚕室温度的重要性。《齐民要术》就

中国古代采桑养蚕图

记载了在蚕室四周生火加温的办法。后来，人们逐渐总结出一种简便易行的方法，即人穿着单衣感到冷时，蚕也会感到冷，就要加温；如果人感到热了，那么蚕也就感到暖和了，就可以撤去火。

后来，人们逐渐掌握了防治蚕病的经验。据记载，汉代时人们就知道，养蚕前首先要打扫蚕室，修整蚕具，有时用烟熏的方法进行消毒。在宋元时代，人们养蚕大都要准备两领箔，以便交替使用，为了给领箔消毒，需要每天都把其中的一领拿到太阳下进行暴晒。

古人针对蚕的各种病症，通过长时间研究，也总结出了许多相应的治疗办法。人们将烧酒、甘草水、大蒜汁等洒在桑叶上，蚕吃了以后可以预防疾病。一旦发现病蚕，则及时隔离，以免传染。

起初，养的是三眠蚕。一眠就是蜕一次皮，三眠蚕就是一生蜕三次皮的蚕。这种蚕虽易存活，但蚕丝质地较差。宋元时期人们已培育出了四眠蚕，虽难养一些，但蚕丝质量较好。明清时期大都养四眠蚕了。四眠蚕的培育成功和普遍推广，是我国养蚕业的一个重大进步。

人们最初只在春天养蚕。后来，人们用低温控制蚕卵孵化，这样就可以在一年内孵化几代，于是除了春蚕以外，又有了夏蚕和秋蚕。这称得上是我国养蚕技术的一个重大创造，大大推动了养蚕业的发展。

知识链接

马王堆的“蝉翼衣”

马王堆一号汉墓出土了大量对历史有研究价值的藏品，其中纺织品数量较多，共计200多件。

在这200多件的纺织品中，有一件看上去朴实无华也没有什么独到之处的织物，展开后却发现它居然薄如蝉翼，轻似烟雾。这件长达160厘米、两袖通长190厘米的衣服，竟只有48克（或说为49克）。

这件被称为“素纱蝉衣”的织物，使现代的织造专家们技痒难耐，决心要与之一较高下。国内一些拥有高级工艺师与技术设备的丝绸研究所一

再研究试制，然而，直至今日，没有一家能达到这么轻的分量，更不要说超过它。

当然，我们也要考虑到，“素纱蝉衣”历经两千多年可能会因为一些自然的损耗而减轻了分量，我们也相信现代科学技术一定能制造出分量更轻的织物来。然而，这好像都已经无关紧要，因为“素纱蝉衣”作为两千多年前的产物却能达到如此高超的织造水平，不得不为后人所震惊。

马王堆织物的精彩，当然不仅仅是“素纱蝉衣”一件。有一件绀地红矩纹起毛绵，属于重经提花起毛织物，以往人们一度认为元明时代的漳绒、织金绒、天鹅绒等起绒织物的技法是从国外传入的。而这件织物的出土表明这不仅是我国固有的技法，甚至国外的技法或许也是由我国传去的。

马王堆的织物是精彩绝伦的，他们可以说是代表了西汉初年的最高水平，将被永远地记载在世界科学技术史上！

中国古代的治蝗斗争

蝗虫，是造成中国古代最严重虫灾的害虫，也是让百姓遭受农作物最大损失的害虫。例如，史书上记载，公元前218年10月，“蝗虫从东方来，蔽天。”从春秋到战国，发生蝗灾111次。据历史学家统计，从公元前707年到1935年的2642年中，中国共发生蝗灾796次。平均3~4年一次。

我国古代在治蝗斗争中，认识了蝗虫的生长规律：“蝗、蝻、子三者，俱喜干畏湿，喜热畏冷，喜日畏雪。”古代先民还发现了蝗虫具有集群性的特点：“至夜乃相聚，性好群也。”还认识到蝗虫有趋光性：“蝻见火光，必俱来赴。”古代农学家已经认识到蝗虫喜在坚硬干燥的地方产卵，卵产在泥土下数寸深不等。夏天孵化的蝗，当年就会产生危害；秋天生的蝗虫，第二年才开始危害庄稼。蝗虫喜欢高温低湿。中国古代人民还认识到蝗虫的弱点，如它们每日清晨尽聚草梢，不能飞翔；初羽化时，长翅尚嫩，不能高飞；“早晨沾露不飞，日竿交媾不飞”等。在这几个时间

蝗灾

段里消灭蝗虫，往往事半功倍。

更宝贵的是，古代人民和农学家发现和积累了许多与蝗虫做斗争的科学方法。

一些农学著作上记载了用火引诱飞蝗的办法来杀死蝗虫，这是利用蝗虫的趋光性来捕杀。唐代农书记载，蝗虫在飞翔的时候，夜里见到火光，一定会扑向火光。人们就在火边掘坑将蝗虫掩埋。我国古代先民还总结出，在没有月亮的漆黑夜里捕杀蝗虫会取得意料不到的效果。明代徐光启在《农政全书》中记载了一种挖坑灭虫的办法：挖长沟深广各二尺，沟中相距丈许，挖一深坑，以便掩埋；村中男女老少沿沟排列，每50人排成一队，有一个人鸣锣，蝗虫受惊后，向前扑飞，落入沟内，此时就乘机捕杀。

古代劳动人民在长期的劳作中还学会了用动物灭虫法来消灭蝗虫。我国很早就认识到雀、白鸟、乌鸦、鹰、蛙等动物喜欢吃蝗虫；认识到有一些肉食性昆虫会吃蝗；还认识到有一些寄生昆虫，它们寄生到蝗虫身上后，被寄生的蝗虫会抱草而死。古人还曾用鸭子来除蝗。鸭子的食量很大，喜欢吃虫，

又便于集体放养。如果发现蝗虫，放养几百只鸭子，就可以将蝗虫吃掉。古代劳动人民用自己的聪明才智想出了用蝗虫的各种天敌来灭蝗虫的办法。我国古代也有人将蝗虫当作食物。这既是利用蝗虫的蛋白质，也是为了更好地杀灭蝗虫。

明代科学家徐光启与蝗虫做斗争的办法更是别具一格。他对蝗虫的生活习性有很深入的研究，根据蝗虫的习性，他提出用宏观的、综合的办法来防蝗治蝗。例如，他提出改旱地为水田，移民垦荒，种植蝗虫不喜欢吃的植物如绿豆、豌豆、豇豆、大麻、芝麻、薯芋等。他还提倡进行秋耕，秋耕会让蝗蝻产于地中的卵被翻到地表，在冬天冻死。徐光启还意识到，沼泽地时干时湿，是蝗虫幼卵的滋生地。“故涸泽者，蝗之原本也；欲治蝗，图之此其地矣。”从农业大工程的角度来防治蝗虫，改变蝗虫生长和繁殖的环境，这不失为一种很高明的办法。这种治蝗思想称得上极为先进，富含智慧。因为这种办法不是花力气去灭虫，而是防虫于未发之时，不让它有生长繁殖的条件，因此是治本的灭蝗之道。

第二节 农业机械与农田水利工程

水碓和水磨

谷物收获脱粒以后，要加工成米或面才能食用。我国古代在粮食加工方面发明了很多的机械，如磨、碾、碓、扇车、罗等，后来又创造了用水力做动力的水碓和水磨，这些机械效率高，应用广，是农业机械方面的重要发明。

水碓是一种利用水力舂米的机械，相传在西汉末年就已经出现，汉代桓谭的《桓子新论》里有关于它的记载。

水碓的动力机械是一个大的立式水轮，轮上装有若干板叶，轮轴长短不

一，依带动碓的数量而定。转轴上装有一些彼此错开的拨板，1 个碓有 4 个拨板，4 个碓就要有 16 个拨板。拨板是用来拨动碓杆的。每个碓用柱子架起一根木杆，杆的一端装一块圆锥形石头，下面的石臼里放上准备要加工的稻谷，流水冲击水轮使它转动，轴上的拨板就拨动碓杆的梢，使碓头一起一落地进行舂米。利用水碓这种以自然力推动的机械舂米，不仅可以省去不少人力，而且还可整日加工。

只要是在溪流江河的岸边都可以设置水碓。根据水势的高低大小，人们采取一些不同的措施。如果水势较小，可以用木板将水分挡，使水从旁边流经水轮，如此一来，可以使水流的速度加倍，增强冲击力。带动碓的多少可以按水力的大小来定，水力大的地方可以多装几个，水力小的地方就少装几个。设置两个碓以上的称为“连机碓”，连机碓较为常用，且通常都是四个碓。

磨，原名硙，汉代时期方改称磨，这是把米、麦、豆等加工成面的一种机械。磨由两块有一定厚度的扁圆柱形的石头制成，这两块石头叫作“磨扇”。下扇中间装有一个短的立轴，一般用铁制成，上扇中间有一个相应的空套，两扇相合以后，下扇固定，上扇可以绕轴转动。两扇相对的一面，留有一个空膛，磨膛，膛的外周制成一起一伏的磨齿。上扇有磨眼。磨面的时候，谷物通过磨眼流入磨膛，均匀地分布在四周，被磨扁磨成粉末，从夹缝中流到磨盘上，过箩筛去麸皮等就获得面粉。磨的原动力主要有三种，即人力、畜力、水力。大概在晋代时期，古人就发明了以水力为动力的磨。水磨的动力部分是一个卧式水轮，在轮的立轴上安装磨的上扇，流水冲动水轮带动磨转动，这种磨适合安装在水的冲动力比较大的地方。如果水的冲动力比较小，但是水量比较大，可以安装另外一种形式的水磨：动力机械是一个立轮，在轮轴上安装一个齿轮，和磨轴下部平装的一个齿轮相衔接。水轮的转动是通过齿轮使磨转动的。这两种形式的水磨，构造比较简单，使用起来也比较方便，所以很快便被推广使用。

随着机械制造技术的进步，人们发明一种构造较为复杂的水磨，一个水轮能带动几个磨同时转动，这种水磨叫作“水转连机磨”。王祯《农书》上有关于水转连机磨的记载。这种水力加工机械的水轮高且宽，是立轮，须用急流大水，冲动水轮才可使其转动。轮轴很粗，长度要适中，在轴上相隔一定的距离，安装三个齿轮，每个齿轮又和一个磨上的齿轮相衔接，中间的三个磨又和各自旁边一个磨的木齿相接。水轮转动通过齿轮带动中间的磨，中间的磨一转，又通过磨上的木齿带动旁边的磨。如此一来，一个水轮便能带

动着几个磨同时工作。

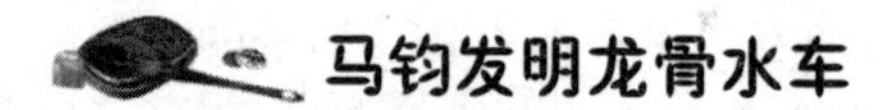

马钧发明龙骨水车

1. 龙骨水车

马钧，字德衡，三国曹魏时扶风（今陕西兴平东南）人，曾任魏国博士。他非常喜欢研究机械，经过刻苦钻研，最终取得了机械制造方面的杰出成就。但是因为当时的统治集团对机械发明不感兴趣，所以他一生都受到权势们的歧视，郁郁不得志。推崇马钧的傅玄这样感慨地说道，马钧，“天下之名巧也”，可与公输般、墨子以及张衡相比，但是公输般和墨子能生在适合他们发展的时代，张衡和马钧一生未能发挥特长。

马钧在手工业、农业、军事等诸多方面都有革新和创造。

马钧改进了古代旧式织绫机，重新设计了新绫机。三国时的织绫机虽然经简化，仍然是“五十综者五十蹑，六十综者六十蹑”，用脚踏动，异常笨拙，生产效率极其低下。马钧设计的新织绫机简化了踏具（蹑），改造了桄运动机件。将“五十蹑”、“六十蹑”都改成十二蹑，这样使新绫机操作简易方便，大大提高了生产效率。马钧在机械方面做出的最早贡献就是研究成功了新织绫机，纺织业因其获得了飞速发展。

在农业方面，马钧发明了龙骨水车。

在军事方面，马钧改进了连弩和发石车。当时，诸葛亮改进的连弩一次可发数十箭，已经具有让敌人闻之丧胆的威力。马钧在此基础上进行了再改进，威力又增加了5倍以上。马钧还在原来发石车的基础上，设计出了新式的攻城器械——轮转式发石车。它利用一个木轮，把石头挂在上面，通过轮子转动，连续不断地将石头发射出去，威力大大

老水车

提升。

马钧还发明了龙骨水车。这是我国古代最先进的排灌工具，也是当时世界上最先进的生产工具之一。

龙骨水车，原命名为“翻车”。东汉时期，有个叫毕岚的人做过“翻车”，但是它的用途只是用作道路洒水，跟后来的龙骨水车不同。马钧制造的“翻车”，就是专门用于农业排灌的龙骨水车。它的结构很精巧，可连续不断提水，效率大大提高，而且运转轻快省力，甚至连儿童都可轻易操作。

由于马钧发明的龙骨水车具有巨大优点，所以一问世就受到普遍欢迎，并迅速推广普及，成为农业生产的主要工具之一，并沿用了一千多年。

通过龙骨水车的发明，我们知道马钧是一个非常了不起的人！他是这一时期伟大的机械发明家，他的发明革新对后世产生了深远影响。后人称颂他“巧思绝世”。

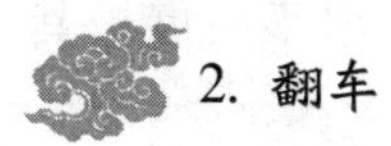

2. 翻车

翻车作为一种古代时期木制的提水灌溉器械，后人也将之称作“龙骨水车”或“踏车”。它的基本结构包括木槽、一条带有龙骨板叶的木链、大轮轴、小轮轴以及木架等。它的工作原理是，人扶在木架上，通过双脚踏踩来驱动轮轴旋转，从而带动木链板叶上移，将水提升起来。

据说，存在于远古故事中的指南车也曾被马钧制成。指南车是一种辨别方向的工具。远古传说中，黄帝大战蚩尤之时，在雾气中迷失方向，于是制造指南车，辨明方向，打败了蚩尤。东汉时张衡制造过指南车，可惜失传了。

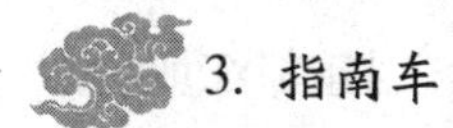

3. 指南车

指南车通过传动机构或连或断的设计，使车上木人手臂始终指向南方。当车辆偏离正南方向时，如向左转弯，车辕的前端向左移动，而后端就向右移动，即会将右侧传动齿轮放落，从而使车轮的转动带动木人下大齿轮向右转动，刚好抵消车辆向左转的影响。当木人手臂始终指向南方的指南车被造出来后，遭到了许多人的嘲笑和诘问。马钧苦心钻研，反复试验，终于运用差动齿轮的构造原理，制造出了指南车，“天下皆服其巧”。

李冰父子与都江堰

享誉古今中外的成都平原美丽富饶，一度被人们称赞为“天府之国”，这有李冰父子修建都江堰的功劳。

一项距今 2200 多年的水利工程，使“蜀人旱则借以为溉，雨则不遏其流，水旱从人，不知饥馑”。

都江堰位于成都平原西部灌县的岷江上。岷江发源于四川西北部，属于长江的一条支流。岷江的上游是高山峡谷，因其水流湍急，且挟带大量沙石，一到成都平原，地势平缓，流速随之减缓，沙石便沉积下来，日积月累，最终使河道阻塞。每逢雨水时节，因为淤塞的沙石使河床抬高，河水侵过河道就会泛滥成灾。雨季一过，枯水季节又会造成干旱。在这种水患与干旱交替出现的情况下，生活在成都平原的早期先民从事的农业生产水平一度极其低下。

为了彻底治理岷江的水患，发展西蜀，公元前 256 年，秦昭襄王任命极有才干的李冰为蜀郡守治理蜀地。关于李冰的生平，因为秦始皇焚书坑儒和秦汉战争的毁坏，很难找到相关记载，我们只能从民间传闻中得知，他是战国时期秦人，“能知天文地理”，是一个杰出的科技专家，同时也是一个勤政爱民的好官。

李冰到达蜀地之后，在其子二郎的协助之下，广泛招集有治水经验的人，对岷江的地形和水形进行了实地勘察。经过充分的论证和研究，李冰决定开建都江堰水利工程。

李冰雕像

在战国时期，创建都江堰这般浩大的水利工程非常不易，但是，李冰依然凭着自身的才能，一一克服眼前的困难。如要凿穿玉垒山，因为当时还没有炸药，难度非常大，李冰就让人们把木柴堆积在岩石上，放火点燃，岩石被烧得滚烫，然后再浇上冷水，岩石就在急骤的温度变化中炸裂并坍塌。再如在水流湍急的岷江中，修筑堤堰十

分困难，石块极易被流水冲走，李冰就让人从山上砍来竹子，并编成竹笼，里面装满鹅卵石，层层叠放在一起，这样将石材有效地聚拢在一起，分水堤也就修筑起来了。

闯过了种种关卡后，终于筑成了一座集防洪、灌溉、航运功能于一体的综合性水利工程——都江堰。

都江堰由鱼嘴、人字堤、飞沙堰、宝瓶口、内外金刚堤和百丈堤等构成，是一个有机的整体。其中，鱼嘴、飞沙堰和宝瓶口作为都江堰渠首的三大主体工程，是整个工程的核心。

鱼嘴，又称作“都江鱼嘴”或“分水鱼嘴”，因其形如鱼嘴而得名。它昂首于岷江江心，将岷江一分为二。西边叫外江，俗称“金马河”，是岷江的正流，排洪是外江体现的主要功能；东边沿山腰的叫内江，是人工引水渠，其主要功能是灌溉。鱼嘴的设置非常巧妙，不仅能够分流引水，而且能在洪水、枯水季节起调节水量的作用，这不仅确保了灌溉，而且有效杜绝了洪涝灾害的发生。

飞沙堰，又叫“金堤”或“减水河”，因其具有泄洪排沙功能而得名。它长约 180 米，主要功能是将多余的洪水和流沙排入外江。飞沙堰的设计高度能使内江多余的水和泥沙从堰上自行溢出；如果遇到特大洪水，则自行溃堤，洪水沙石也可直排外江。“深淘滩，低作堰”是都江堰的治水名言。内河在维修时深淘是为了避免河道淤塞，保证灌溉。低作堰则为了恰到好处地分洪排沙。

宝瓶口，是前山伸向岷江的长脊上人工开凿而成的控制内江进水的咽喉，因其外形与瓶口相似且具有独特的功用而得名。它是自流灌溉渠系的总开关。内江水流经宝瓶口后通过干渠。宝瓶口宽 20 米，高 40 米，长 80 米。

这三大主体工程，虽看似简单，却包含着系统工程学和流体力学等处于当今科学前沿的科学原理，它所蕴藏的科学价值备受人们推崇，连外国水利专家看了整个工程设计之后，都震惊不已。

都江堰，作为全世界迄今为止年代最久、唯一留存的以无坝引水为特征的水利工程，以其千载传承的科学性和实用性，当之无愧成为古代科技史上一座丰碑！

知识链接

鼎足而立

和“鼎”有关的成语很多，如“势如鼎足”“大名鼎鼎”“一言九鼎”等。那么，“鼎”起源于何时何地呢？

在七八千年以前，我们的祖先发明了陶器，使用陶罐装水或煮食物。后来古人在生活中发现，陶罐的底部加上三条腿可以起到稳固的支撑作用，而且烧火更方便，这样就用泥土直接制作带三条腿的陶罐。这种形式的陶器就是最初的鼎。

后来有了青铜冶炼，古人便仿陶鼎铸造青铜鼎。由于早期铜的冶炼为统治阶级控制，因而制成的鼎皆为统治阶级所拥有。鼎的功能也发生了变化，它不再是单纯的炊具，而是成为一种重要的礼器，进而成为贵族特权的象征。为了奴隶主贵族祭祀和庆宴所用，曾专门制作了许多青铜大鼎。

古书上有“九鼎”的说法，它指的是一组九个大鼎，最初作为商王朝的国宝而存在。后来商朝腐败被周武王所灭，武王的儿子成王便把九鼎从商朝的都城迁到镐京（今西安西郊），并举行了隆重的“定鼎”仪式。从此，“九鼎”就成为周王朝政权的象征。成语“一言九鼎”，形容言辞的作用极大，而“九鼎”的来历就来源于此。

铜鼎的铸就，体现出中国先民的青铜冶铸技术水平极为高超。例如，目前所知道的最重的鼎是商代的司母戊鼎，这也是目前世界上保存的古代最大青铜器。

司母戊鼎呈长方形，深腹，四个柱足。高约1.33米，长约1.66米，宽0.79米，重达875千克。它是先用土塑造出泥模，然后用泥模翻制陶范，再将陶范合在一起浇铸铜液成型的。据估计，当时熔化所用的铜料总重量达1200千克，至少用到6座熔炉。这6座熔炉分为3组，每组2座，分布在鼎模的两边，铜熔化后按顺序打开出铜口，连续不断地倾注铜液而成型。司母戊鼎的制作，反映出古代劳动人民的智慧和才能，也表明商代青铜冶铸工场具有宏大的规模。

1939年，在河南安阳出土了著名的司母戊鼎。当地人民怕被日本侵略者抢走，又将它埋入地下，直到抗战胜利后再次挖出。现在，司母戊鼎陈列在北京中国历史博物馆供人们瞻仰。

鼎虽已退出历史舞台，但作为文物仍受到人们的喜爱。更重要的是，有关鼎的词汇、成语已渗入到我们的语言中。

汉朝司马迁所著的《史记·淮阴侯列传》中记载："三分天下，鼎足而居。"这里讲述的是齐地谋士蒯通力劝汉王刘邦的大将军韩信脱离刘邦而独立，以与项羽、刘邦形成三分天下局面的故事。

鼎

京杭大运河的兴修

在公元前486年开凿的京杭大运河，是世界上最长的运河。主要经历3次较大的兴修过程。

第一次是在公元前5世纪的春秋末期。吴王夫差为了北上伐齐，调集民夫开始挖掘自今扬州到淮安入淮河的运河。因为途经邗城，所以得名"邗沟"。邗沟全长170公里，是大运河最早修建的一段。

第二次是在7世纪初的隋朝。大业四年（公元608年）春，隋炀帝杨广又调集河北诸郡民工百余万人开挖永济渠。这个工程首发引沁水入黄河，又自沁水东北开渠，到达临清合屯氏河。主要用途是方便皇帝北巡的龙舟顺利通过，所以称为"御河"。

大业六年（公元610年）冬，杨广下令开凿江南运河。工程从京口（今江苏镇江）开始到余杭入钱塘江，全长800余里，河宽10余丈。

隋朝修筑的南北大运河，以洛阳为中心，北通涿郡，南达余杭，西至长安，把钱塘江、长江、淮河、黄河、海河5条大水系联系起来，形成了一个

现今京杭大运河城市风光

四通八达的水运网络。这足以称得上是举世闻名的大型人工水利工程。

第三次是在13世纪末的元朝。元朝定都北京后，为了使南北相连，不再绕道洛阳，前后耗费10年时间，先后开挖了“洛州河”和“会通河”，又在北京与天津之间新修“通惠河”。新的京杭大运河比绕道洛阳的大运河缩短了900多公里。

南北大运河开凿的原因，演义小说都归结为杨广醉心游乐。事实上，主要原因是当时社会经济发展和政治方面的客观需要。从经济方面来说，当时政治中心长安和洛阳人口激增，粮食供应严重不足；而江浙一带“有海陆之饶，珍异所聚，故商贾并凑”，资源丰富，十分繁华。南北的经济需要交流，首要的就是在水运方面进行改善，漕运南方的粟米丝帛到中原地区来，促进了南北之间的贸易往来。从政治、军事方面来说，南方广大地区大小起义始终不断，隋王朝鞭长莫及。为了加强对南方的控制，隋王朝也需要修建一条运河来及时运兵，以镇压当地的反隋活动。开凿南北大运河是经济、政治和军事的需要，也是时代的需要和历史发展的必然；当朝统治者的个人好恶反而没有那么重要。

隋朝南北大运河的开凿，功在当时，利在千秋。大运河自从凿通以后，就成为我国南北交通的大动脉，运河中“商旅往返，船乘不绝”。唐代诗人皮日休在《汴河铭》说：“今自九河外，复有淇汴（运河），北通涿郡之渔商，南运江都之转输，其为利也博哉！”商业都市在运河两岸如雨后春笋般兴起并日益繁华。自隋唐以后，沿运河两岸如杭州、镇江、扬州、淮安、淮阴、开封等地，都逐渐成为新兴商业都会，这些城市历经宋、元、明、清而不衰，成为繁盛一方的大都市。

开挖大运河，要穿越复杂的地理环境，从设计施工到管理，都需要解决一系列科学技术上的难题。工程涉及测量、计算、机械、流体力学等多方面的科技知识。这一工程的完成，充分体现了我国古代劳动人民的聪明才智和创造精神。

第三节 农业与农书

世界首部农学百科全书——《氾胜之书》

我国现存最早的农书便是《氾胜之书》。《汉书·艺文志》著录农书9种，除《氾胜之书》外，大都失传。

《氾胜之书》原名叫《氾胜之十八篇》，《氾胜之书》一名最早见于《隋书·经籍志》，后来逐渐成为该书的通称。

山东省曹县人氾胜之是《氾胜之书》这本农学巨著的作者，汉成帝时做过仪郎。他曾被朝廷派到三辅地区管理农业生产，成绩斐然，关中地区农业获得丰收。因为劝农之功，他被提升为御史。他对关中地区的种植技术与经验进行了全面且系统的总结，发展了我国古代的农学，写成了《氾胜之书》。

《氾胜之书》在两宋之际亡佚，仅靠《齐民要术》《太平御览》等书的引文，得以保留一部分。后人辑录的《氾胜之书》，其材料的主要来源就是贾思勰的《齐民要术》。

氾胜之

《氾胜之书》原来共有18篇，辑录在《汉书·艺文志》中的9种农家著作里，它的篇数仅次于《神农》（20篇）。现存的《氾胜之书》只是原书的一部分，共计3700多字。

根据残存的这部分资料，我们

可以知道《氾胜之书》总结了耕作栽培的总原则，介绍了13种作物的栽培技术。中间还夹杂有西汉时期的耕作技术，如区田法、溲种法、种瓜法等的介绍。

首先，关于耕作栽培的总原则，《氾胜之书》总结道："凡耕之本，在于趣时，和土，务粪泽，早锄早获"；"得时之和，适地之宜，田虽薄恶，收可亩10石。"其中，"趣时"就是要掌握天时，综合考虑，选择适宜的时机，它不仅体现在耕作之初，也反映在播种、施肥、灌溉和收获等后续各个环节之中。"和土"，就是要为作物的生长创造一个温度、水土等条件优良的土壤环境，要确保适合作物生长的优良土质。"务粪泽"就是灌溉和施肥。《氾胜之书》把灌溉和施肥当作栽培的基本措施，尽力保证作物对水分的需要，防止水分流失。这也体现了《氾胜之书》的技术中心环节，即防旱保墒，也是汉代农业的主攻方向。"早锄"，作为传统农业中耕的一种形式，既消灭了田间的杂草，又切断了土壤表层的毛细管，从而有效保障了土壤所需要的水分。"早获"就是及时而快速地收获。"趣时""和土""务粪""务泽""早锄""早获"这6个环节丰富而深刻地囊括了我国传统农学的精华。

其次，在具体作物的栽培上，《氾胜之书》分别介绍了禾、黍、麦、稻、稗、大豆、小豆、麻、瓜、瓠、芋、桑等13种农作物的栽培方法。对于农作物的耕作、播种、中耕、施肥、灌溉以及植物保护和收获等各个生产环节都做出具体的描述。

最后，《氾胜之书》记载了比较有特色的耕作技术。区田法作为一种少种多收、抗旱高产的综合性技术，其技术特点就是把庄稼播种在沟状或者窝状的小区里面，在这些区内采取深翻作区、等距点播、合理密植、集中施肥、及时灌溉等管理措施，使作物丰产。

贾思勰和《齐民要术》

贾思勰生活于公元5世纪末到公元6世纪中叶，曾经担任过北魏高阳（今山东青州）太守。关于贾思勰的生活经历，因为缺乏相关的文献记载，现已无从查找。他所著的著名农书《齐民要术》，是中国农学史上一部经典著作。该书是他"采捃经传，爰及歌谣，询之老成，验之行事"而写成。全书计10卷92篇，引述文献达160多种，同时收集有农谚，并包含有贾思勰调查访问所得和亲身实践的经验。

贾思勰在《齐民要术》这部农学巨著中创建了较为完整的农学体系，对以实用为特点的农学类目做出了合理的划分。从开荒到耕种，从生产前的准备到生产后的农产品加工、酿造与利用，从种植业、林业到畜禽饲养业、水产养殖业，论述全面，条理清晰。

由于贾思勰一直在中国北方地区生活和进行农业活动，因此《齐民要术》中反映的主要是北方干旱地区的农业技术。

从农业典籍和生产经验的搜集、整理与研究中，贾思勰认识到，气候有一年四季的变化，土壤有温、寒、燥、湿、肥、瘠的区别，农作物的生存和生长既有其自身的规律，又因时因地而各有所宜，要获得农业生产的好收成，就必须了解农作物的生活规律和所需的生活条件，顺应其生长的要求。他继承中国农学注重天时、地利和人力三要素的思想，特别强调“顺天时，量地利，则用力少而成功多。任情返道，劳而无获”（《种谷第二》）。但是，他并没有要人们仅仅被动地去顺应天时、地利，比之前两者而言他更加重视人力的作用，要人们在掌握天时与农作物生长关系的同时，能动地利用“地利”，以求取更好的收成。在《齐民要术》的各篇中，他都强调介绍和评述如何合理利用人力、物力，搞好经营管理。这种把天时、地利、人力有机地结合起来，强调因时制宜，因地制宜，精耕细作，合理经营的思想，对后世农业生产产生着极其深刻的影响。

《齐民要术》的记述非常丰富，其中，有关于各种土壤的经营方法，旱地保墒技术，选种，种子处理（拌种、晒种等），保持和提高地力等。《齐民要术》中有关水稻催芽技术的记载，是中国农学史上的最早记录。

《齐民要术》中还反映了中国古代丰富的生物学知识。当时人们已使用扦插——无性繁殖的嫁接法，如用棠树（杜梨）做砧木，用梨树苗做接穗，梨结果大而细密。在嫁接时注意到接穗要选择向阳的枝条，说明对光在植物生长中的作用已有所意识。强调嫁接时木质部与木质部，韧皮部与韧皮部要密切接合，说明对植物的生长特性有较深了解。对马、驴杂交所生出骡的生物优势和禽畜去势催肥等认识也比前人更加深入。在开垦树林荒地时，书中总结了树木的环刈法，把树木韧皮部割去一环，阻止树液通过，使树木枯死，然后放火烧，可以连根去掉，这种方法对开垦荒地的用处极大。我国在农产品加工方面，利用微生物发酵来加工豆类、酿酒以及制奶酪等有着悠久的历史，发展到南北朝时期，人们已能较熟练地掌握微生物发酵技术。《齐民要术》中记载了丰富的微生物学内容，并用之加工多种食物，有些还上升到比

较系统的规律性认识。

北朝时，大量进入内地的游牧民族，给中原地区的畜牧业注入了一股新鲜血液。《齐民要术》既总结了历代的家畜饲养经验，也吸收了北方各民族的畜牧经验。书中有根据动物形态鉴别品种优劣的知识，并介绍了饲养牲畜的各项措施，提出了要依据各种动物的生长特性，适其天性，进行管理。《齐民要术》对于种畜的培育极为重视，记述了留取优良品种，注意孕期环境，繁殖仔畜的方法等。如羊要选腊月、正月生的羊羔留种最好，母鸡要选择形体小、毛色浅、脚细短、生蛋多、守窝的。书中还收集了兽医药方48种，内容包括外科、传染病、寄生虫病和普通病等，这也是我国现存最早有关兽医药学的记载。

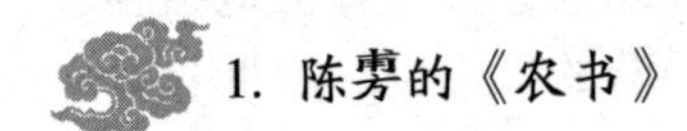

两部《农书》率群谱

宋元时期的众多农学著作中，有两部题名为《农书》的著作尤其突出，而大量动物志、植物志与谱录的问世，形成了一个繁花似锦的高潮时期。

1. 陈旉的《农书》

陈旉，史书无传，只知道他自号“西山隐居全真子”，又称“如是庵全真子”，由此可知他是一名道教的信徒。因为要躲避金兵，只能在长江南北奔波，在住地“种药治圃”。因此，有机缘接触农夫与农业，为他撰著《农书》创造了条件。

《农书》成于南宋绍兴十九年（1149年），这时陈旉已经是74岁的老人了。这部农书是最早记载与江南地区农业生产技术相关的巨著。这部《农书》共有1.2万余字，分为上、中、下三卷。

上卷共有14篇，占了全书的2/3，主要讲述水稻的种植技术。光是整地，书中对高田、下田、坡地、葑田、湖田与早田、晚田等不同类型田地的整治都有具体记载。其中，记载最详细的要数高田了。他讲到在坡塘的堤上可以种桑，塘里可以养鱼，水可以灌田，使得农、渔、副可以同时发展，很有现代生态农业的风采。

书中十分强调传统的“因地制宜”，但显现出较强的进取性与能动性。关于衰田，书中更强调的是土地改造技术。

在水稻育秧技术上，书中确立了适时、选田、施肥、管理四大要点。

书中对中耕非常重视，特别指出：哪怕没有草也要耘田。书中还对“烤田”技术做了发展，比《齐民要术》更为详明、进步。

中卷是讲述水牛的饲养管理、疾病防治；下卷是讲述植桑种麻，其中特别推崇桑麻的套种。这两卷较小的篇幅描述，内容与上卷根本无法比拟。

陈旉的《农书》，对于我国古代农业技术体系的完善发挥着重要作用，对于实际的生产更有着重要指导意义。特别是他积极进取的精神与充分开发的思想，为世人所称道。

2. 王祯的《农书》

与陈旉的《农书》相比，王祯的《农书》成就更大、名声更响，是继《齐民要术》之后又一部杰出的农业百科全书。

王祯，字伯善，山东东平人，曾在元成宗时做过宣州旌德（今安徽旌德）与信州永丰（今江西广丰）的县尹。

王祯在担任县尹时，就表现出对农业生产的极其重视，他经常身体力行，推广农桑，奖励耕植，改进和创制农机农具，同时注意收集资料，听取经验，最终写出了这部著名的《农书》。

《农书》共37卷（今存36卷，另有22卷本），约13万字，插图306幅。全书分为《农桑通诀》《百谷谱》《农器图谱》三大部分，有着相对完整的农业体系。书中所写的农业区域，兼及黄河与长江两大流域、水旱两种种植地区，范围极其广阔。

《农桑通诀》是全书的总论部分，对农业的重要性、农业生产起源与发展的历史、农业生产的经验与技术（包括林、牧、副、渔），都做了全面系统的总结。

农业生产的第一要领便是“不违农时”，《授时篇》专论掌握农时的重要性与具体要领。他还绘制了一张“授时指掌活法之图”（以下简称“授时图”），将时间、节

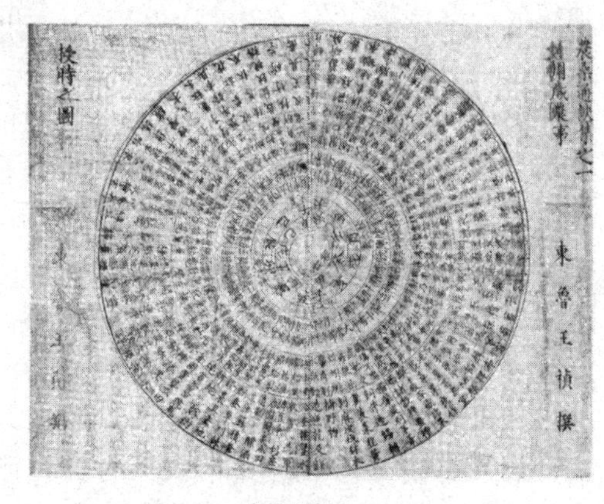

授时图

气、物候与对应的农事绘写在一幅图上，使用起来清晰明了。王祯特意指出，由于各地气候条件千差万别，务必根据实际情况安排农事，切不可死记硬背。

农业生产的另一要领是“因地制宜”，《地利篇》专论各种土地与作物间的对应关系。他绘制了一幅“天下农种总要图”，以指导各地安排种植。同时，他也批判了“风土限制论”，特别强调，经过培育，作物的习性是可以改变的。

再接下来，便是《垦耕》《耙耢》《播种》《锄治》《粪壤》《收获》诸篇，完整而系统地逐一介绍各项农业生产技术。如此完整地对各项技术设立专篇，是前所未有的，比《齐民要术》有了明显的进步，显示出当时的农业生产技术正在不断地发展、成熟。

《百谷谱》部分，是对所有的农作物进行具体的介绍，文中对 80 多种粮食作物与经济作物的起源、品种、种植技术、贮藏、使用等都有详细的论述。

书中将农作物分为谷、瓜、蔬、果、竹木、杂类这六大类，虽然尚不够精确，但是大致符合客观实际，具备了科学分类的初步形态。

书中对农作物的形态、性能有相当细致的描述，这与宋代以来动植物谱录大量涌现密切相关，是这个时期特有的风格。

王祯所著《农书》中最有特色、最具价值的部分就是《农器图谱》。这一部分介绍了 257 种农具，在 306 幅图下，都有具体的文字说明，因此洋洋洒洒占了全书的 4/5，在篇幅上表明这是全书的重点与核心。

文字部分不仅有详细的描述与说明，还有诗咏颂（后世有人将这些诗单独编成一部诗集《农务集》，被选入《元诗选》中)，这在农学著作中是少见的。

图谱部分可以说是全书最为出色的部分。王祯本身对于机械非常熟悉，曾亲自设计、创制了不少农具，因此把这些图画得十分准确、传神，有的还画出了分体图与零件图，极大地方便了后世之人的仿制。

图谱部分共分为田制、耒耜、䦆臿、钱镈、至艾、杷扒、蓑笠、蓧蒉、杵臼、仓廪、鼎釜、舟车、灌溉、利用、䴹麦、蚕缫、蚕桑、织纴、纩絮、麻苎等 20 门。

如果我们按农具的功用来分，则大致可分为：耕地农具有劚（犁）刀，播种农具有耧车，中耕除草农具有耨、锄、铲、耙、耧锄、耨马、耘荡、耘爪等，收获农具有粟鉴、铚、钹、钐、收麦器等。

以上这些农具，有不少是王祯在前人的基础上加以革新改进的，如“水转翻车”“高转筒车”“水轮三事”等；还有的是少数过去曾出现过而已经失传的，王祯自己经过反复研究再次复原出来，如“水排”；当然更多的是早已有之但未被图录的。

总而言之，在古代中国的农学史上，王祯的《农书》确实无愧于“四大农书”之一的美名，是一部具有划时代意义的不朽巨著。

知识链接

随风转舵

“随风转舵”，本来是对古代行船利用舵来控制航向的切实描述。

我国是世界上最早发明舵的国家，在古代，我国造船与航海技术的最重要成就就是发明与使用舵。

最早有独木舟时，古人用整削的树枝做桨，推进与航向都交由桨撑管。有了木板船后，随着船越造越大，就需要多人划桨。人们对划桨做了分工，由靠近船尾的划桨手专管航向；控制方向的桨也就称为“舵桨”。

舵桨虽能控制航向，但使用还不是很方便，人们又进一步改进，终于发明出专用的舵，时间大约在西汉初期。

舵很小，几乎无法与船体相比，但它能使庞大的船体运转自如。奥妙在哪里？原来，行进中的船，如果要向左转，舵向左偏转一个角度，水流就在舵面上产生一股压力，叫舵压（也叫“水压”）。这个舵压本身尽管很小，但它因为距船的转动中心较远，所以能形成使船转动的强大力量，船首便相应地转向左方。当船一转，相对于水流产生一个角度后，水流就会乘势推它作更大的转动。舵的神奇力量就在于以局部推动全局。所谓“随风转舵”，就是通过舵的作用来纠正不利航向的风力影响，以确保正确的航向。

我国古代劳动人民不但最早使用舵，而且根据不同的水域情况和航行要求，还创造出与之相适应的舵。有的舵能上能下，根据水的深浅，可将舵放置到适当的位置，这叫作“升降舵”。当船驶入浅水或不需要用舵时，就把舵提起来，以避免折断。还有一种舵，舵板上打了许多孔，叫作“开孔舵”。通常来说，孔对舵的影响很小，不过，在转舵时因为孔的存在可使人节省许多力气。这种开孔舵在南方的一些内河船和航海木帆船上使用历史悠久，至今还能见到。

舵的发明对世界航海事业发展具有不容忽视的意义。12 世纪，欧洲经由阿拉伯人引进了我国的舵，这为后来大航海时代的到来创造了条件。

第三章

领先世界的工业科技

中国古代科技起源于生活，而人类文明的发展促使了更多实用技术产生。造纸、印刷、纺织、陶瓷、冶铸、建筑等极具智慧和发展意义的发明创造无不带有鲜明的实用烙印。然而，时代总在前行，曾经应用广泛的古代实用技术，少有留传，绝大多数已被淹没在历史的洪流中，本章重点介绍中国古代工业，我们可以通过本章内容，再现我国古代工业的昔日情境。

第一节
独具智慧的工业技术

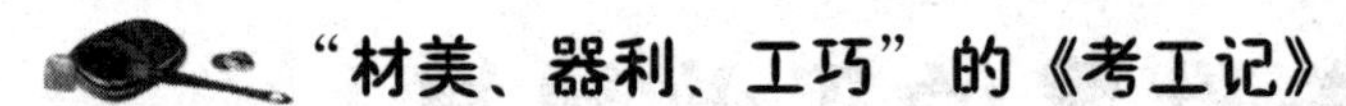

“材美、器利、工巧”的《考工记》

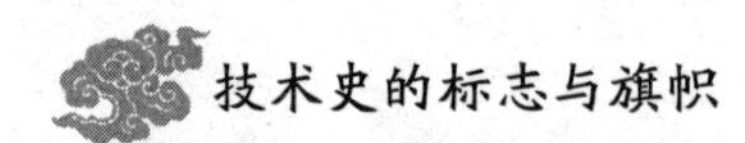

技术史的标志与旗帜

古代时期的手工业，尽管在整个社会所占的比重并不大，但是产生的效益不容小觑。

要想从事手工业，首先要具备心灵手巧的特点，此外，它对科学技术的含量要求极高。勤劳智慧的中华民族，从原始社会时期到战国时期，向世界展示了高超精湛的技艺，创造出了辉煌业绩，而《考工记》就是标志与旗帜。

《考工记》原是战国时期一部独立的手工艺技术专著，汉代因为《周礼》缺了《冬官》部分，就把《考工记》顶作了《冬官》。

《考工记》既是对整个先秦时期手工业生产技术的汇集、提炼、总结，又是对未来手工业生产的指导、规范、推进。

《考工记》对以往生产技术的总结，并不是简单的记述，它融入了科学理论的成分，进行了科学的分析与提高，使许多经验上升到了理论的高度。《考工记》的编成标志着手工业生产在这一时间的价值非常宝贵，也是手工业趋于成熟的标志。

《考工记》全书虽然仅7000余字，但是记载的范围很广，涉及当时的冶金、量器、兵器、工具、皮革、乐器、染织、玉器、陶瓷、车辆、建筑等技术领域。从工种来看，有“攻木之工七，攻金之工六，攻皮之工五，设色之工五，刮磨之工五，抟埴之工二”，由此可见，当时已经具备非常精细的分工。

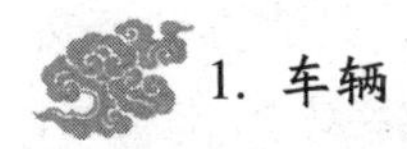

1. 车辆

古代中国的车辆相传是黄帝时代创制的，现在能见到的考古发掘车辆遗迹最早是商代的，但商代的车辆已经较为成熟，由此可见，车辆在商代之前就已经产生。《考工记》记载的车辆制造技术，正是这许久以来车辆制造技术的总结。

《考工记》将一辆车分为四个主要部分，车轮、车盖、车舆（箱）、车辕（及车轴），由四部分工匠分别制作，反映出当时分工的精细与生产的成熟性。在这四部分中，车轮与车辕（及车轴）是最主要的两部分。《考工记》对这两部分的制造技术记载得最为详细，尤其是非常明确地阐述了其中一些技术上的要点，体现出当时制造技术的高超精良。

2. 建筑

我们的先人从森林、山洞中走出后，为了自己的生活安宁，开始建造栖

杆栏建筑与乡村风光

身之处，于是出现了最早的房屋。现在所能知道的最早房屋，是北方仰韶文化遗址中的半地下式房屋与南方河姆渡文化中的杆栏式房屋。大约在夏代，开始出现较大型的宫殿建筑。西周时期的宫殿建筑，不仅规模更大（如陕西扶风召陈村西周晚期大型建筑群遗址），而且出现了瓦的使用。到春秋战国时期，已经具备了后世宫殿建筑的基本格局与要素。

在我国原始社会晚期，龙山文化时期出现了最早的城市。奴隶制国家出现以后，城市开始大量出现。到春秋战国时期，更是如同星罗棋布一般。

由于战争的原因，一些诸侯国开始修筑长城，这为后来秦王朝修筑万里长城做出了创造性的示范。

《考工记》诞生离不开这些建筑所取得的成就，虽然书中没有详细记载具体的建筑技术（至多只有一些勘测定位技术），但它所记载的城市与宫室布局，仍是后世的标准范本。特别是有关王城的布局——棋盘式与中轴式的格局从此成为历代王城的千古定律。

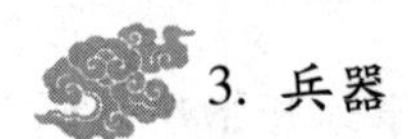

3. 兵器

在我国传说故事中，兵器是蚩尤为了和黄帝争天下而特意发明的。其实，战争与兵器早在很久以前就已经产生了，弓箭的产生则更为悠久。

《考工记》记载的兵器有两类：一类是近距离格斗兵器，如戈、剑；另一类是较远距离的射杀兵器，即弓箭。这两种，实际上都是适用于车战的兵器。相比之下，弓箭（主要是弓）的制造技术较为复杂一些。《考工记》对弓的制造记载得极为详细，从弓干到弓弦的材料、制作工艺、技术要点、具体尺寸、髹漆、使用等，极为详尽。如果没有《考工记》的记载，后人是无论如何也想不到会复杂到这样的程度。

4. 染织

古代中国的纺织技术声名远播，早在七千年前的河姆渡文化中，就有了原始的踞织机。到商代时期，又出现了多综片的提花机，能够织出复杂而高级的织物。现在西方的提花技术，是汉代以后由中国传入的。

纺织的发展，进一步促进了印染的发展。当时的染料有两大类：一类是矿物染料；另一类是植物染料。

矿物染料的染法有两种：一种是浸染；另一种是画缋（即《考工记》所

记载的）。

植物染料的染法以浸染为主，但有些植物必须用媒染剂才能有效。媒染剂的发现与使用，是化工技术与印染技术的一大突破，是古代中国又一项重要的创举。

《考工记》所载染织的内容较少，但像湅丝、画缋、染羽的技术，依然极有价值，更是独一无二的文献记载。

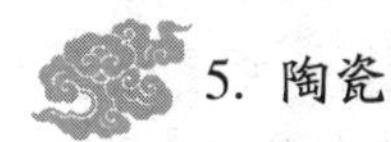

5. 陶瓷

陶器是原始时期人类的一大发明创造，有着万年以上的悠久历史。

陶器的革命性变化出现在原始社会的晚期与夏代时期，这时出现了一种以高岭土为原料的陶器，它的烧成温度已经高达1000摄氏度，烧成后的陶器呈白色，质地细密坚硬，非普通陶器可比。白陶的出现，表明了瓷器的产生只是时间问题。

釉陶也在这一时期被发明出来，即在陶器表面施釉技术。

在这两个技术突破以后，商周之际终于产生了最早的原始瓷器——青釉器。它以高岭土为胎，烧成温度达到1100~1200摄氏度，表面施以釉质，器体的吸水性极小，各项数据已经与瓷器基本相近。到了春秋战国时期，青釉器质量有了提高，与成熟的瓷器更为接近。与此同时，在西周中期的一些墓葬中，还出土了最早的原始玻璃——铅钡玻璃。

“青釉器”或“原始青瓷”

《考工记》虽记载了陶甗与陶簋的具体形制、尺寸，但没有记载具体的制作技术，这是令人感到遗憾的事情。

6. 乐器

《考工记》记载的乐器有磬、钟、鼓三件，磬是玉质的或石质的，钟是青铜的，鼓是木质蒙以兽皮的，很有代表性。

乐器的制造离不开制作工艺，最主要的是与声学上的固定要求相符合。就古代的技术而言，要一次达到要求的音准是很难的，于是就有了一个修正的技术（主要是磬与钟）。

《考工记》正确地阐述了乐器的形制、厚薄与音律高低舒疾的关系。明确这一点，就能得心应手地修正已制成乐器的音准。古人如此高超的技术水平，令后人震惊不已。

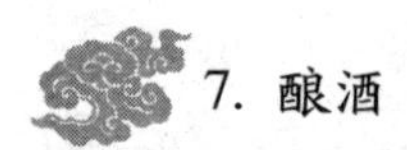

7. 酿酒

《考工记》尽管没有记载酿酒的技术，但战国时期的《礼记·月令》中曾总结了我国制酒的六大要诀，即“黍稻必齐，曲蘖必实，湛炽必洁，水泉必香，陶器必良，火齐必得”，可谓是奠定了古代中国制酒技术的基础。

在人类的历史上，酒只是一种饮物，但从科学的角度来分析，却有其独特的价值。

酒的酿造，是人类首次成功地运用微生物的典范。

人类最悠久的造酒方法有两种：一种是起源于埃及与欧洲的啤酒法；另一种就是创始于我国的制曲酿酒法。

我国独创的制曲酿酒法，首先要用谷物制成曲种，然后再以曲种酿酒。制曲酿酒，能够使谷类的糖化与酒化同时完成，使用范围广（啤酒法酿酒只能用大麦为原料，而我国的制曲酿酒几乎可以用所有的谷物）。

在原始社会晚期发明了最早的制曲酿酒技术，到了商周时期已经趋于成熟。考古发掘曾多次发现这种数千年以前所制的酒，大多数古人制成的酒直到今天仍没有变质，可见当时酒的质量是相当高的。

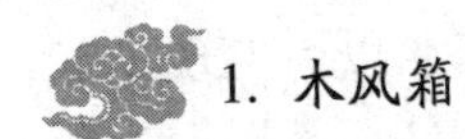

古代冶金技术

1. 木风箱

在敦煌榆林窟西夏壁画的锻铁图中，就有了木扇，王祯的《农书》在记载水排中也说道："古用韦囊，今用木扇。"

木风箱

这种"木扇"，事实上就是简易的木风箱。在箱头部分装有两块长方形的盖板，上面安装有拉杆，一人分别用左右手做推与拉的操作，就可以鼓风。

在北宋曾公亮的《武经总要·前集》与元代陈椿的《熬波图》中，都记载有一种更为先进的木风箱，并附有图谱。这种装有简易活门的木风箱，比欧洲要早五六百年。

比这种简单木风箱更先进的，是活塞式鼓风的木风箱，至迟在明代已经产生。

木风箱较为牢固，风量较大，还可以改装成畜力与水力推动，因此，是现代鼓风机发明以前最先进的鼓风器具。而现代鼓风机的发明，同样是在木风箱的基础上产生的。我国古人对木风箱的发明和使用，在世界古代科技史上都称得上是一项重要的贡献。

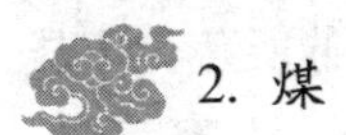

2. 煤

在南北朝时期，中国古代先民学会了用煤当作冶铁的重要燃料。而普遍地在冶铁中使用，是在宋代。尤其是在北方地区更为普遍，从而形成了北方用煤、南方用炭的基本格局。这种格局，一直到明代发明了炼焦技术后，才开始向用焦炭冶炼的方向演变。

用煤冶铁固然能够减少对木材的使用，但也存在铁的质量较差的缺点（因为含硫量过高），后来直到焦炭的使用才有所改变。

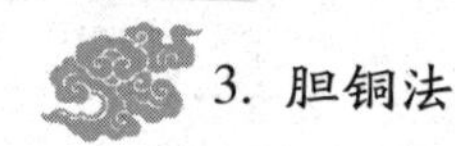

3. 胆铜法

胆铜法，又叫作“水法炼铜”。早在西汉时期的炼丹家将铁砂投入蓝色的胆水中，看着黑灰色的铁砂渐渐地变成了金黄色，开始以为发现了能“点铁成金”的法术，可是后来才发现，那诱人的金黄色只是一层铜，而不是黄金。

然而，从科学的角度来看，从人类更长远的利益上看，炼丹家的收获远远超过了黄金的价值。因为，单从炼铜这一生产来看，胆铜法与火法炼铜相比，成本低、速度快、质量高，具有非常明显的优势。所以，人们纷纷用此法炼铜。

宋代时期，已经相当完善的胆铜法技术工艺，成为了炼铜的主要方法之一。北宋时期，用胆铜法炼铜的作坊有十多处，年产铜达100多万斤，占当时铜产量的20%左右。到南宋时，更占到了85%左右，由此可知其规模的宏大。

在欧洲，胆铜法的发明要比我国晚五百多年，而且迟迟没有形成规模生产。直至15世纪50年代，这一方法也只有少数人知道，根本没有类似我国大规模生产的景象。

找矿和采矿技术

我们的祖先从旧石器时代开始，就与矿物结下不解之缘。石器、铜器、铁器时代的逐步演进，丰富了劳动人民对矿物的认识并促进了找矿、采矿技术的发展。

找矿的记载，以《管子·地数篇》（相传为公元前7世纪管仲所著，于战国时期成书）为最早。该书总结了当时的找矿经验，提出“山，上有赭者，其下有铁；上有鈆（铅）者，其下有银；上有丹砂者，其下有黄金；上有慈（磁）石者，其下有铜金。此山之见荣（矿苗的露头）者也。”其中，除把铜和铁的硫化物混称为“黄金”或“铜金”外，总体上符合现代关于硫化矿床的矿物分布理论，也和现在“矿床学”中提到的共生现象相接近。

与《管子》同时代的《山海经》中，不但指出了根据矿苗的共生或伴生（如赤铜与砺石，铁与文石、黄金与银，白金和铁等）来找矿，而且较为详尽

地叙述了与矿物相关的知识。该书记载了矿物89种，其中，有金属、非金属和各色垩土。记载了矿物产地309处，并分别将矿物（包括岩石）的硬度、颜色、透明度、磁性和医药性能等，分别加以说明。过去，国外曾经把希腊人乔菲司蒂斯（公元前371—前286年）所著的《石头志》（记载了约70种矿物，分金、石、土三类）说成是世界上最古老的地质文献。而我国《山海经》早于它近200年，在内容上与之相比也更加丰富。

南北朝的梁代，出现了一部有名的根据地表植物找矿的著作——《地镜图》，其中，举出“山有葱，下有银，光隐隐正白。草茎赤秀，下有铅，草茎黄秀，下有铜器”等。唐代段成式写的《酉阳杂俎》中也提到“山有薤（音“屑”），下有金，山上有姜，下有铜锡，山有宝玉，木旁枝皆下垂”。这些不一定完全和实际相符合，不过根据植物表现出来的不同性能寻找矿源，确实有参考价值。

我国发现最早的采矿遗迹，是广州市西南西樵山新石器时代的制石工场

古代采矿场景重现

遗址（距今约5000多年）发现的一排开采硬度很高的霏细岩石矿坑，横向坑穴最深达37米以上。特别使人惊奇的是，这些矿坑内壁上，有火烧痕迹，巷道地面，堆积很厚一层经过火烧的磷石块和炭屑。经专家研究，认为当时采石方法是先用“火攻”，将岩石烧得炙热，然后泼水骤冷使其开裂。在5000多年前，我国劳动人民已掌握热胀冷缩的规律，并用来开采岩石，在世界矿业史上，可谓是华丽的一章。

关于金属矿的开采，最原始的传说是黄帝时代曾在山西首阳山开采过铜矿。传说中的黄帝时代，约在公元前26世纪（见郭沫若《中国史稿》一册附表），而考古发掘，在新石器时代末期遗址中的确已经出土小件铜器（详见第十三章），从时间上说是基本吻合的。

先秦典籍记载，已有金、银、铜、铅、锡、汞等金属的应用。这些矿产的获取，除金可以取之于水中外，一般都需通过凿山采掘。《吴越春秋》中，有“干将作剑，采五山铁精”的说法。《吕氏春秋·贵生篇》记载，越国人民，杀死其三代国王，一个叫搜的王子害怕了，逃进“丹穴（即汞矿）”中，越人烧艾烟熏堵逼其出来。由此可见，当时已经开采出较深的汞矿。《汉书·禹贡》记载说：“今汉家铸钱及诸铁官（矿场），皆置吏、卒、徒，攻山取铜铁，一岁功十万人已上……凿地数百丈。”从中可以看出汉代采矿规模之大，掘进之深。但古籍中对采矿技术的记载十分匮乏，很难找到依据。现仅就在湖北大冶铜绿山发现古铜矿的实地勘察报道，可以说明古代大规模采矿的技术水平。这一古代矿井（当地称为“老窿”），从南到北呈不规则条带状分布于铜绿山区。考古工作者选择了两处地点发掘，一称“十二线老窿”，一称“二十四线老窿”。根据出土的铜、铁工具判断，一处属春秋晚期，一处属战国晚期。湖北大冶铜绿山矿井是我国发现最早且保存较为完整的老矿井。“十二线老窿”发掘点距地表面40多米，出现了几个竖井（井口直径约80厘米）和一个用木料支撑的斜井。“二十四线老窿”发掘点距地表井口50多米，发现有五个竖井，一条斜巷和十条平巷，也全部用圆木支护。从这些发现看来，当时已采用竖井、斜井、斜巷、平巷相结合的采掘方式，竖井是人和物的交通孔道，当时使用的提升机全部是承力不大的辘轳，为省力和避免发生事故，采取在50米深的竖井里分段挖出平巷，安装辘轳逐段提运的办法接力完成。同时，还把已经开采的矿石在井下的时候就开始初步筛选，把贫矿和废石抛填采空区，既提高了矿石质量又减少了提运量，真是一举两得。在井下通风方面，根据多口竖井连接的情况，可以认为已利用不同井口气压差的高低，

形成自然气流，并采取密闭已废弃的巷道，来控制气流沿着采掘方向前进，一直抵达最深的工作面。再从发掘出的遗物分析，采掘工具有铜制斧和锛，铁制的斧和锤及木制的槌、铲、锹等。另外有藤篓、粗绳、钩、竹筐、箕等装载提运用具，和木制的瓢、桶、水槽等排水工具。还有一种船形木盆，据专家考证，是用来进行重力选矿，测定矿石的品位，决定掘进方向的。如此一来，就能准确地选择断层中矿体富集、品位较高的地方进行开采。以上这些技术措施，表明我国在公元前4—前2世纪，已经具有非常高水平的采矿技术。

除此之外，在辽宁林西县西大井发现一座古铜矿遗址，出土有陶鬲和采矿用的石制工具。用碳－14测定距今2970±115年，可能是西周时期的矿井遗址。

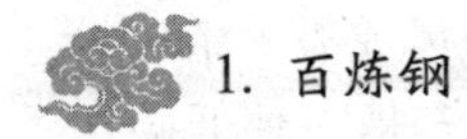

“百炼成钢”与炼钢技术

1. 百炼钢

百炼钢是我国一种古老的炼钢工艺。

在古代文献中，宋代沈括的《梦溪笔谈》对百炼钢有较为详细的记载。说把“精铁”锻打一百多火，一锻一称一轻，待到斤两不减，就成纯钢了。并且说凡铁中有钢，正如面中有筋，濯尽柔面，面筋便出来了。沈括所说的“精铁”，不会是生铁，而且也不能说是现代意义的熟铁，只能说是一种可锻铁，包括钢和熟铁。这种可锻铁中，含有比较多的非金属夹杂，一锻一称一轻，就是指最大限度地排除夹杂后的铁。说最后斤两不减，是相对的，实际上，不断地加热锻打，氧化铁皮不断地产生和脱落，质量必然有所减轻。加工过程中是否渗碳，要看料铁本身的含碳量和对成品性能的要求而定。如果料铁是高碳钢，就不渗碳；如果还是低碳钢或熟铁，又嫌软，就要渗碳。

反复地加热锻打是百炼钢工艺的主要特点。锻打在古代制钢中有很重要的意义。我国古代的制钢工艺中，除铸铁脱碳钢外，锻打是制钢过程的主要环节之一。锻打可以去除夹杂，减小残留夹杂的尺寸，细化晶粒，均匀成分，致密组织，提高强度。这也就是百炼钢的秘密和它的技术意义。百炼钢是十分锋利的，曹植《宝刀赋》说它能“陆斩犀革，水断龙舟”。锻打的方法可

以是同一块料反复叠折锻打，也可以先把相同成分的料或不同成分的料打成许多小块，再叠在一起锻打。炼数根据刀剑的分层而定。

百炼钢是在块铁渗碳钢反复锻打的基础上，伴随着炒钢的发展而兴起的。炒钢是百炼钢的主要原料之一。块铁渗碳钢我国发明于公元前5—前4世纪。“十炼、三十炼”的说法在公元前1世纪就已经出现，最初用在炼铜上，后来用到炼钢上。“百炼钢”这个词现在看到的最早是在“中平刀”上，到东汉末三国初就普遍了。曹操造“百炼利器”五把，吴大帝有宝刀三把，叫“百炼、青犊、漏影”。刘备令蒲元造宝刀5000把，上刻“七十二炼”。魏晋时期是百炼钢的鼎盛期，以后由于其他炼钢方法的发展而日益减少。百炼钢主要用来制造宝刀、宝剑一类。它凝聚着我国古代劳动人民的勤劳和智慧，在一定程度上反映了当时制钢技术的先进水平。

2. 炒钢

炒钢，由于在冶炼过程中要不断地搅拌，好像炒菜一样而得名。

炒钢的原料是生铁。把生铁加热到液态或半液态，靠鼓风或撒入精矿粉，使硅、锰、碳氧化，让含碳量降低到钢的成分范围。炒钢多是一种低碳钢，控制得好，也有中碳钢、高碳钢有时也得到熟铁。

我国发现的最早炒钢实物，是1974年山东苍山出土的东汉永初六年（公元112年）的“卅湅大刀”，其次是1955年洛阳晋墓出土的元康九年（公元299年）“徐美人刀”。“卅湅大刀”由炒钢直接锻打而成，刃部组织均匀，是比较细的珠光体，有少量马氏体，是高碳钢。“徐美人刀”也由炒钢锻成，是低碳钢，刃部进行过渗碳和淬火处理。它们都是主要以硅酸盐这种非金属夹杂其中。

关于炒钢的记载，最早见于东汉《太平经》卷七十二。炒钢的发明，应该可以追溯到西汉末年。

炒钢具有效率高、质量好的优点。炒钢利用生铁做原料，生铁可以连续大规模地生产。炒钢在液态、半液态下进行，可以连续地比较大规模地生产，也可以去除部分夹杂。炒钢的生产过程分两步走，第一步是炼制生铁，第二步是炼制成钢。因而可以说炒钢是两步炼钢的开始，具有划时代意义。英国在18世纪中叶时因为发明出了炒铜法，因而在产业革命中发挥了很重要的作用。马克思怀着极大的热情给予了很高评价，说不管怎样赞许也不会夸大了

这一革新的重要意义。

3. 灌钢

所谓灌钢，用宋代苏颂的话来说，就是“以生柔相杂和，用以作刀剑锋刃者”。“生”就是生铁，“柔”应该是一种可锻铁，可以是钢，也可以是熟铁。可见，灌钢是由生铁和可锻铁在一起冶炼而成的，是用来做刀剑锋刃的，是一种含碳量比较高的优质钢。生铁中含碳高，可锻铁中含碳低，为了得到预期的灌钢成分，可以根据需要来改变生铁和可锻铁之间的配比。

除了那些无名英雄外，从文献上我们知道灌钢的最早实践者之一，是北朝东魏、北齐间（公元550年前后）的綦母怀文。他把生铁烧化，浇到名为“柔铤”的可锻料铁上，几次就成钢了。制成的刀叫宿铁刀，用动物的油脂和尿来淬火，能斩甲30札。南朝梁代的陶弘景是历史上最早记载灌钢技术的人，他说灌钢是“杂炼生揉作刀镰者”。

在历史上，灌钢有三种不同的操作工艺。第一种是把生铁和“熟铁”片捆在一起入炉冶炼，用泥全封住，如沈括《梦溪笔谈》所说。第二种是把生铁放在上面，“熟铁”片放在下面，生铁先化，渗淋“熟铁”之中，如宋应星《天工开物》所说。第三种是“苏钢”，它是灌钢发展的高级阶段，灌钢的优点在这里体现得淋漓尽致。

“苏钢”操作的要点是：先把料铁放到炉里鼓风加热，后把生铁的一端斜放到炉口里加热，继续鼓风，使炉里温度不断上升；当炉温在1300摄氏度左右的时候；炉里的生铁不断地往下滴铁水，料铁已经软化；然后钳住生铁块在炉外的一端，使铁水均匀淋到料铁上，并且不断翻动料铁；这样就产生剧烈的氧化。淋完以后，停止鼓风，夹出钢团，砧上锤击，去除夹杂。通常要淋两次。“苏钢”冶炼高明的地方主要有两点：一是料铁组织疏松，含有大量的氧化夹杂，硅、锰、碳含量也比较高，灌炼的时候氧化剧烈，造成一定的渣、铁分离；二是料铁中铁的氧化物氧化了生铁中的碳以后，铁便被还原出来，这样就提高了金属的收得率。如果用熟铁灌炼，氧化铁早已被当成夹杂排掉了。嘉庆《芜湖县志》卷一说的“初锻熟铁”，很可能就是这种类型的料铁。“苏钢”和前两种灌钢工艺的区别，也主要在这一点上体现出来。前两种是用“熟铁”片，既是“片”，组织就较为致密，就不是“初锻熟铁”。

在1740年坩埚炼钢发明以前，古代各国一般都是固态炼钢和半液态炼

钢，总是很难做到渣、铁分离。像灌钢这样，既能高效率地生产，又能比较好地控制成分，得到高碳钢，并且能做到一定的渣、铁分离，在古代炼钢工艺中是首屈一指的。

知识链接

木牛流马——现代机器人的先声

“方腹曲胫，一股四足，头入领中，舌着于腹，载多而行少，独行者数十里，群行者二十里，曲者为牛头，双者为牛脚，横者为牛领，转者为牛足，覆者为牛背，方者为牛腹，垂者为牛舌，曲者为牛肋，刻者为牛齿，立者为牛角，细者为牛鞅，摄者为牛仰双辕，人行六尺，牛行四步。每牛载十人所食一日之粮，人不大劳，牛不饮食也。”这是《三国演义》中一段关于木牛流马的描述。

《三国演义》中的木牛流马复原图

木牛流马是诸葛亮为了解决山道运输困难的问题而发明的一种极其先进且神秘的机器。它们不喝水，不吃食物，只需扭动一下机关，便能在山道上运行如飞，比现代的机器人还要灵敏方便。

木牛流马的制作工艺已经失传，虽然尺寸详尽，后世却不能组合复原成功，至少在功能上存在着差异。我国古代机械发明达到的水准从木牛流马中就可窥一二。

我国古代的机械发明制造

在机械发明创造上，我国足以称得上是世界最早的国家之一。早在约2.8万年前就发明了弓箭，这也是机械方面世界范围内最早的一项发明。在公元前约1.8万年到公元前2800年期间出现了陶轮；公元前6000年到公元前5000年，出现了农具。这些都是较早的机械。

什么叫机械呢？在我国古代典籍中并没有给出明确的定义。“机械”这个词最早见于《庄子》：“有机械者必有机事，有机事者必有机心。机心存于胸中，则纯白不备。”机械在这里含有一些贬义。随着人类社会的进步，人们逐渐认识到机械对我们生活所起的巨大作用，人们所使用的机械也日益复杂，涉及的层面也越来越宽泛；想要给机械一个简明扼要的定义，确实有点大费周折。我们只能简单笼统地说，利用力学原理来实现某些任务的装置，叫作“机械”。

机械始于最简单的工具，像人类早期制造的石器，如石刀、石斧以及石锤等。后来，随着社会的发展和科技的进步，工具的范围逐步扩大，种类也越来越丰富。

我国古代创造或发明了五花八门的机械，不一而足，涉及到社会生产的各个行业、部门。举例而言，有缫车、纺车、织布机、提花机等纺织机械，有浑天仪、水运仪、地动仪以及铜壶滴漏等天文观测和计时机械，有辘轳、翻车、筒车等提水机械，也有锄、犁、耧车等农业机械，还有指南车、记里鼓车以及各类车船等交通机械，还有冶炼、锻造、加工等加工机械，更有弓、弩、发石机等军事机械。这些机械极大地方便了人们的生活，同时也推动了社会的不断进步，反映了古代劳动人民的杰出智慧。

在三国两晋南北朝时期，由于战争的需要，机械发明在攻防器械、兵器以及造船等方面有了很大进步。

首先在攻防器械和兵器制造方面，有了很大程度的发展。这一时期，在攻守器具方面，有火车、发石车、虾蟆车、钩车等，还有飞楼、撞车、登城车、钩堞车、阶道车等。攻防器械的制造，在战争中发挥了巨大的作用。在兵器方面，各种兵器的质量和数量都获得显著提高。在三国两晋时期，弩机趋向大型化。三国时，诸葛亮改进了连弩，“以铁为矢”，“一弩十矢俱发”，威力无穷。晋《舆服志》记载：“中朝大弩卤簿，以神弩二十张夹道……刘裕

击卢循，军中多万钧神弩，所至莫不摧折。”

这一时期在造船的技术层面也取得了重大突破。晋在攻吴时，发明“连舫”，就是把许多小船组装成一艘大船。这一时期水上重要的运输工具是由两只单船组合而成的舫船。在必要时，舫船可以拆开。南北朝时，祖冲之造“千里船”。梁朝侯景军中还出现 160 桨的高速快艇，是历史上桨数最多的快艇。

机械的发明创造，大大促进了文明的进步，推动了社会向前发展，时至今日，已经深深地融入到我们的生活之中。

第二节 世界工业史上的最早纪录

最早发现和利用石油

中国是世界上最早发现和利用石油的国家之一。

我国古代较早发现石油的地方有三处，即今陕西延安、甘肃酒泉、新疆库车附近。其中，发现最早的是延安地区。《汉书·地理志》记载：“高奴，有洧水”，人们“接取用之”。高奴在今延安一带，洧水是延河的一条支流。此处说的可燃物，就是漂浮在洧水水面上的石油。这里不但记载了约 2000 年前在陕北地区发现了石油，还认识到石油的最重要特性——可燃性。

陕北石油被发现之后，约 1700 年前人们在甘肃酒泉地区发现了石油；约 1100 年前，又在新疆库车一带发现了石油。

石油在古代曾被称为“石漆”“石脂水”“猛火油”“火油”“石脑油”“石烛”等。北宋科学家沈括在《梦溪笔谈》中首先使用了“石油”的名称，指出“石油至多，生于地中无穷”，并预言“此物后必大行于世”。

中国古代先民不仅很早就发现了石油，而且很早就开始了对石油的利用。

中国古人认识到石油的可燃性后，就发掘到其具有照明的价值。自唐、宋以来，陕北人民已能利用含蜡量极高的固态石油制作蜡烛，称为“石烛”。明代的《格古要论》还记述了陕北人民将石油煎制后用于点灯的情形，说明中国至少在400年前已经发明了从石油中提炼灯油的技术。这是石油加工和应用上的一个重大突破。

北宋科学家沈括，曾发明用石油烟炱制墨的工艺。这既是中国古代石油利用的一个独特方面，也是世界上最早想到用石油制造炭墨的特例。古代曾把石油当作药物来杀虫治疮。从公元6世纪起，史籍中不断有石油用于军事的记载。除此之外，中国古代还把石油用作润滑剂、防腐剂、黏合剂等。

最早的太阳能利用

现今，人类面临着实现经济和社会可持续发展的重大挑战，在有限资源和环保严格要求的双重制约下发展经济已成为全球热点问题。而能源问题是其中更为突出的一环，因而人们纷纷把目光转向了太阳能。太阳能是各种可再生能源中最重要的基本能源，生物质能、风能、海洋能、水能等都来自太阳能，广义地说，太阳能包含以上各种可再生能源。人们将太阳能作为可再生能源的一种，则是指太阳能的直接转化和利用。

漂亮的阳燧挂镜

我们地球所接受到的太阳能，只占太阳表面发出全部能量的二十亿分之一左右，这些能量相当于全球所需总能量的3万~4万倍，可谓取之不尽，用之不竭。尽管从1615年法国工程师所罗门·德·考克斯在世界上发明第一台太阳能驱动的发动机算起，将太阳能作为一种能源和动力加以利用，不过才距

今有300多年的历史。但人们在很久之前，就已经致力于研究利用太阳能了。

周代，中国古代先民即能利用凹面镜的聚光焦点向日取火。这是世界上对太阳能的最早利用。

古人在取火方面呈现出一种逐渐进步的过程。最初是利用自然火种，接着是摩擦取火和燧石取火，再进一步，则是利用太阳能取火。根据有关专家对周代历史进行考证，中国人民发明并使用了“阳燧”（凹面镜）。阳燧也叫作“夫燧”。我国古代称取火的工具为燧，所以“阳燧”便是利用太阳光来取火的工具。《周礼·秋官司寇》里记载：“司炬氏掌以夫燧取明火于日。”《淮南子·天文训》里也有记载：“故阳燧见日，则燃而为火。”

古代利用阳燧取火的方法，一说是用金属制成的尖底杯，放在日光下，使光线聚在杯底尖处，将艾绒之类的易燃物放置在杯子底部，一段时间后就会着火；另一说是用铜制的凹面镜向着日光取火。天津市艺术博物馆今收藏着一件汉代阳燧，是中国现存最早的阳燧。它直径8.3厘米，厚0.3厘米，用青铜铸造而成，与一面小巧的铜镜非常相似。这件阳燧有一个非常光滑的凹球面，借以将太阳射来的光线反射聚成一个焦点以达到燃火的目的。

凹面镜的焦点是阳燧取火的光线集中处，《墨经》中曾把凹面镜的焦点称为“中燧”。这表明，周代人们对利用凹面镜的聚焦特性向日取火，即利用太阳能取火已经获得一定的认识。

最早开采和使用煤的国家

中国是世界上最早开采和使用煤的国家。在欧洲，公元315年才有关于煤的文字记载，比我国的文字记载晚了约800年；英国在13世纪才开始采煤，比中国晚了约1400年。

中国古代先民最早开采并使用煤的时期可以追遡到西汉。

煤的颜色黝黑，状似石头，因而在古代有“石涅”“石炭”“石墨”“乌金石”“黑丹”等名称。成书于春秋末战国初（约公元前5世纪）的《山海经·五藏山经》说，“女床之山”“女几之山”“多石涅”。女床之山在今陕西，女儿之山在今四川，说明当时这些地区已经发现了煤，这是我国关于煤的最早记载。

西汉时，中国开始开采煤矿并将煤用作燃料。《史记·外戚世家》记载汉

煤矿

文帝即位那年，即公元前 180 年，窦太后的弟弟“窦广国……为其主人入山作炭”。“入山作炭”的意思就是进山采煤。当时还发生了“岸崩”（塌方）事故，“岸下百余人”“尽压杀”，由此表明，当时已经有较大的采煤规模。解放以后，在河南巩县铁生沟和郑州古荥镇等汉代冶铁遗址中，又发现了用于冶炼的煤块以及用煤末掺合黏土、石英制成的煤饼。按照通常状况而言，煤用作冶炼燃料应该比一般燃料晚，使用煤饼又要比使用煤块晚。可见，西汉使用煤已有较长的时间。

北魏郦道元《水经·河水注》引释氏《西域记》中有我国古代用煤冶铁的最早记载：“屈茨北二百里，有山……人取此山石炭，冶此山铁，恒充三十六国用。”屈茨即龟兹，在今新疆库车县内，那里冶炼的铁，可供当时新疆一带的 36 个国家使用，足见采煤冶铁的规模之大。

到了北宋末年之际，古人对煤的开采规模更大，使用范围更广。煤已较为普遍地用于冶铁和制瓷，有的地方煤还代替了柴草，成为城镇居民生活的主要燃料。宋代的煤矿开采，已经形成了一套比较完整的技术。明代的采煤技术，得到了进一步发展，已出现了排除瓦斯和防止矿井塌陷的

措施。

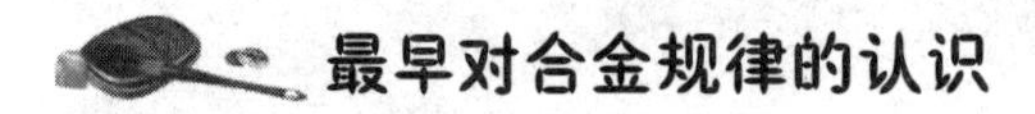

最早对合金规律的认识

铜、锡等元素凝炼而成的合金就叫作“青铜”，因其颜色青绿而得名。早在夏代，中国就已进入了青铜时代，商、周时期更冶铸了数量众多、工艺精良的青铜器，创造了举世闻名的青铜文化。中国古代劳动人民在长期的青铜冶铸实践中，总结出配制铜锡合金的6条原则——“六齐”。“齐”同“剂”，是调剂、剂量的意思。“六齐”是世界上最早对合金规律的认识。

“六齐”见于春秋战国时期成书的《周礼·考工记》，原文是：“金有六齐：六分其金而锡居一，谓之钟鼎之齐；五分其金而锡居一，谓之斧斤之齐；四分其金而锡居，一，谓之戈戟之齐；三分其金而锡居一，谓之大刃之齐；五分其金而锡居二，谓之削杀矢之齐：金锡半，谓之鉴燧之齐。”这里，“金有六齐”中的金指青铜，“几分其金”的金，经有关学者研究认为是赤铜。照此解释，青铜中铜和锡的重量比在钟鼎之齐是6∶1；在斧斤之齐是5∶1；在戈戟之齐是4∶1；在大刃之齐是3∶1；在削杀矢之齐是5∶2；在鉴燧之齐是金一锡半，即2∶1。

我们知道，青铜含锡量在17%（约1/6）左右，质坚而韧，音色较好，这些都是铸造钟鼎之类所必不可少的条件。大刃和削、杀、矢之类的兵器要求有较高的硬度，含锡量应比较高。斧、斤等工具和戈、戟等兵器需有一定韧性，所以含锡量应比大刃、削、杀、矢较低。鉴燧之齐含锡量高，是因为铜镜需要磨出光亮的表面和银白色金属光泽，为了确保花纹足够细致，还需要铸造性能有所提高。综上所述，可见“六齐”的基本精神与现代科学原理是相符合的，它是合金配比的经验性科学总结。

中国的青铜冶炼在世界上虽然不是最早出现的，但是发展迅速，后来居上。之所以如此，其中一个重要原因，就是很早认识了合金规律。

知识链接

最早结构先进的高炉

世界上最早且结构先进的高炉是在河南郑州古荥镇，汉代冶铁高炉遗址中的一号高炉。

中国约在春秋中期就掌握了冶铁技术；大概在春秋晚期即能炼成铸铁（也叫“生铁”），比欧洲领先了近2000年。在古代，中国的炼铁技术之所以遥遥领先于其他国家，其主要原因，是在世界上最早采用了高炉炼铁。

中国冶铁的高炉是由炼铜的竖炉发展而来的。春秋时代，中国已经比较广泛地用竖炉炼铜了。在湖北大冶地区发现的春秋时代三座炼铜竖炉，经过复原，与炼铁所用高炉的结构特点非常类似。

据目前为止的考古发现，中国最早的高炉产生于汉代。汉代的冶铁高炉遗址，曾在河南、江苏、北京以及新疆等地多次被发现，其中，结构最先进的一座是河南郑州古荥镇一号高炉。经复原，此高炉炉体高4.5米，为椭圆形，这种炉体结构可以克服风力吹不到中心的困难。高炉下部的炉墙向外倾斜，形成62°的炉腹角，从而使边缘的炉料也能与煤气有非常充分的接触。全炉约有4个风口，用4个皮风囊鼓风。这座高炉的容积约44立方米，后算其日产量约0.5吨到1吨。在约2000年前，中国的高炉就已具有如此先进的结构，确实称得上是一项闻名史册的创举。这在当时世界上的其他国家只能望其项背。

最早的炼焦和用焦炭冶金

南宋时期，中国开始炼焦和用焦炭冶炼金属。

中国古人最初用木炭作为冶金的燃料。木炭的优点很多，如气孔度大，使料柱有良好的透气性，这在古代鼓风能力不强，风压不高的情况下，是相当重要的。但是冶金需要耗费大量的燃料，而木炭资源十分有限，这是一个不容忽视的缺点。在寻找新能源的过程中，人们发现了煤。煤燃烧的温度较高，燃烧时间也长，但煤在炉内受热后易碎，对炉料的透气性造成不利影响，而且煤中含有硫、磷等有害杂质，在冶炼过程中它们会进入生铁而引起热脆和冷脆。

焦炭则是用炼焦煤干馏而成的，它保留了煤的长处，避免了煤的缺点，直到现在仍是冶金生产的主要燃料。1961 年，在广东新会发掘的南宋咸淳末年（1270 年左右）的炼铁遗址中，除发现了炉渣、石灰石、矿石外，还有焦炭出土。这是中国炼焦和用焦炭冶金的最早实物，说明当时中国已经有炼焦和用焦炭冶炼金属了。

中国是世界上最早炼焦和用焦炭冶金的国家。欧洲人直到 18 世纪初才知道炼焦，再把焦炭用于冶金，比中国晚了 400 多年。

第四章

卓越的天文地理科技

我国最早出现“天文地理”一词的是公元前4世纪的《易经·系辞》,里面有“仰以观于天文,俯以察于地理”的文句。古代社会生产力低下,经济大多以农耕为主。农业的发达与否,关乎国计民生,国家富强。因此,历朝历代的统治者尤其重视农业的发展,与农业相关的天文、地理及水利等科技也得到相当的重视与发展,本章将重点展示我国古代天文地理方面的突出成就。

第一节 天文学成就

天文仪器与星图

承继着两汉的遗风，魏晋南北朝的天文仪器制造呈现出一派兴盛的景象。

前赵的孔挺在公元323年制造了一架浑仪，这架浑仪本身并没有什么新奇之处，但它是第一次在文献中有了具体的结构记录，让后世之人了解到古代浑仪的构件特点。

这个时期最为著名的浑仪，是北魏永兴四年（公元412年）由晁崇与鲜卑族天文学家斛兰主持制造的铁浑仪。这是古代中国唯一的一台铁制浑仪，在它十字形的底座上开有十字形的沟槽，灌上水后，就成为了十字水平校正仪，是一个既简单又极为精妙的创新。

复杂的浑仪

这架浑仪一直使用了300多年，直到唐代才为更先进的浑仪所替代，但它在天文史上永远占据着一个重要的位置。

与浑仪相比，这时期浑象显然更为丰富，也更加多彩。三国时吴国的陆绩、王蕃、葛衡，南北朝时宋代的钱乐之、梁代的陶弘景等人都创造过浑象，尤其是陆绩与葛衡所制作的浑象十分新奇。

一般的浑象，主体都是正圆形的球体，而陆绩却根据浑天说宇宙天地“状如鸟卵”的说法，居然破天荒地真的把浑象主体做成

了类似鸟蛋的椭圆形。

那些曾经说过或信奉“状如鸟卵”的天文家，在面对眼前这台真的“状如鸟卵”的浑象时，却都如好龙的叶公那样无法接受这么一个不伦不类的“创造”。因此，陆绩创造的浑象鲜有人问津。

其实，天壳根本就不存在，做成鸟卵形与做成正球体又有什么本质的不同呢？更何况是有“状如鸟卵”的说法在先，陆绩只是想做得更逼真一些而已。却不料想这鸟卵形的天壳实在有些难以入眼，一番苦心引来了一片责难声。

与陆绩的悲惨境遇不同，葛衡的创新则博得了无尽的赞美声。

葛衡比陆绩还要别出心裁，他所造的浑象主体是一个空心的大球，球上按天体的位置凿穿成孔窍，人能够进入球体的内部，由里向外看，透入小孔中的亮光就犹如天上闪烁的星光一般，非常逼真具形象十足。

这个构思绝巧的浑象，古人称为“假天仪”，实际上就是现代天象仪的鼻祖，它是古代中华民族高度智慧又一个灿烂的结晶。

正因为假天仪有别致并且引人注目的形象，所以后来各代屡有重制，成为当时天象演示最重要的仪器。

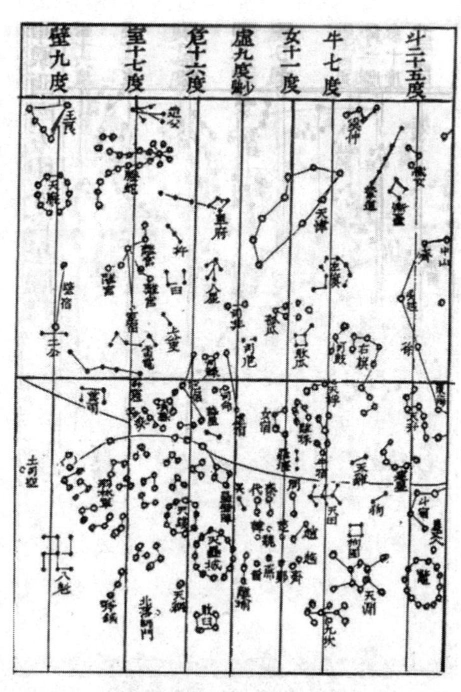

中国现存最早的全天星图

实际上，真正有幸亲眼目睹浑象的人少之又少，而且浑象也不利于搬动，于是，才华横溢的中国天文学家们又发明了星图。

图画性质的天象描绘，早在原始时期就已经产生，但与天文学所用的星图有着质的区别。中国的星图，据说起源于盖天说的演示图——盖图。从盖图演变为星图，大约是在汉代时期。而最终奠定这种圆形盖天式星图的，是三国时期吴国与西晋时的太史令陈卓。

陈卓根据战国时期甘德、石申、巫咸这三家所观测到的恒星，汇总为一幅全天恒星图，共收有 283 宫 1464

颗星。原图以红、黄、黑三种颜色来表示三家不同的记载，后人感到这种区分似乎毫无意义，就只用单色标画了。

陈卓所制定的这幅三垣二十八宿体系的恒星图，从此成为了古代天文学的基准星图，奠定了古代的星图体系。

知识链接

日月如梭

“日月如梭”，意思是太阳和月亮像梭子似的来去，用于形容时间的迅速流逝。

梭子是什么？

梭子是织布机上的重要构件，用来牵引纬线（与经线交织），它的产生、发展经历了一个漫长的过程。

五六千年以前，所有的编织品都是手工制作。先竖着拉好一根根并排的线，叫“经线”，再用骨针穿引一根线与经线交织，这叫“纬线”。为了使纬线紧密，要用小骨片一下一下地打紧。这个小骨片叫“打纬刀”。

经过不断地摸索和改进，古人发明了原始织机，前后两根横木，相当于现代织机上的卷布轴和经轴，另有一把打纬刀，一个纡子，一根比较粗的分经棍。打纬刀是半月形木板，有背有刃。纡子是引纬用的一根细直木杆，上面绕着纬线。织造时，织工席地而坐，利用分经棍把奇偶数经线分成上下两层，形成一个自然梭口，用纡子引纬，再用打纬刀把纬线打紧。

4个牛角梭

织机的创新发展，就是古人在打

纬刀的背处刻出一长条槽子，将绕着纬线的纡子嵌进去，这样一举两得，既可引纬又可打纬。这种形式称作“刀杼”。刀杼就是梭子的前身，它约产生于春秋时代。

从刀杼到梭子的发展，这是古代劳动人民的一个重要创造。梭子由外壳和当中一根短细而直的纡子组成。梭子的引纬作用，就由纡子担当。梭子直到战国至汉代期间才逐渐形成。

由于梭子两头尖，外壳光滑，在梭口里引纬往来很快，使织布效率大为提高。梭子在后来的织机中一直应用。由于梭子的出现，“如梭”“穿梭”“梭巡”也逐渐成了形容快、频繁的词汇。海外一些华人根据航天飞机的特点，还将之称作“太空梭”。

宋·高臀《东溪集·下·朱黄双砚》：“日月如梭，文籍如海。”也作“岁月如梭”。宋·苏轼《减字木兰花·送赵令》：“春光亭下，流水如今何在也。岁月如梭，白首相看拟奈何！”

“杞人忧天”与言天三家

我们的祖先很早就开始了对宇宙结构问题的探索，并提出了各种各样的构想，试图对所看到的天文现象进行解说。“杞人忧天”的故事反映的就是人们对这个问题的关心和一种解答。“杞人忧天”的故事记载在《列子》中，说的是杞国（今河南、山东接壤一带）有一个人，听说天是无限高远的空间，日月星辰都在天空中飘浮着。因此，他一直对日月星辰掉下来砸坏庄稼砸死人而忧心不已，也非常担心天塌地陷的一天会随时到来。所以，他每日忧心忡忡，愁得吃不下饭，睡不着觉，不知如何是好。他的家人眼看他每天望天惆怅，只得拉着他去找懂得天文学的人，希望帮他解惑。那个人给他解释说，天是气体结合而成的，到处都充满了气体。日月星辰也是气体构成的，只是它们会发光而已，即使掉下来，也只是气落到气中，不会有什么损伤。而地是固体的，到处都塞满了，是不会坏的。杞人听了这个解释后才放下心来。

这里说的，其实是一种关于天地为何永存的看法。关于这个问题，先秦时还有很多看法，如有四只鳌足撑着天、海龟驮着地的神话传说，诸子百家中提出的水浮说、气举说、运动说等。及至汉代，则形成了“言天三家：一曰盖天，二曰宣夜，三曰浑天”（《晋书·天文志》）。

1. 宣夜说

宣夜说这一天文理论是极有特色与见地的学说。

这个学说的创始人是谁，历史上没有相关记载。传下这个学说的，是这位创始人的学生——担任秘书郎的郄萌。

据《晋书·天文志》记载，郄萌曾听他的老师说：天空是一个没有任何物质的空间，高远得无边无际。人们眼睛看到的天空似乎一片苍茫，好像是有颜色的。这就像是很远处的黄色山峦，人们远望时看到的却是一片苍翠；又像是俯视千仞的深谷，一片黝黑。但苍翠与黝黑都并非它们的本色。日月星辰这些天体在无边无际的天空中自由地飘浮，没有任何的牵系，一切运动都由“气”来决定。

这个学说的出色之处，在于阐述了宇宙的无限性，否定了虚构“天壳”

神秘的宇宙

的存在，这是非常了不起的。但它对日月星辰等天体的运行规律没有具体地阐述，更没有可供天文学家使用的数学模式。于是，天体的运动就根本无序可言，这个学说也就失去了实用价值。

因此，尽管这一学说非常新颖，但存在很大的不足，所以很快便被后人遗忘。

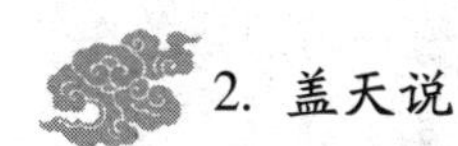

2. 盖天说

盖天说起源于春秋时期的“天圆地方”，后来又添了诸多变化。特别是对于“天壳”的形状，主要有三种不同的说法：一说天如车盖；一说天形如笠；一说天如倚车盖。但是这些都无关紧要，最重要的是盖天说完善构建出了一整套的数学模式。

有关盖天说的数学模式记载在《周髀算经》一书中，它描述的太阳运动轨迹，集中体现为七衡六间图。

盖天说的天体结构与数学模式，并没有获得后世之人的大力推崇。它只是早期的一个学说，尽管汉代还有人为之修修补补，但毕竟已经衰落了。特别是西汉末年著名学者扬雄提出了难盖天八事以后，就很少有人愿意相信盖天说这一理论了。

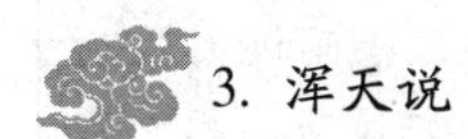

3. 浑天说

浑天说同样是中国古代较早的一种天文学说。汉代是浑天说迅速崛起并取得主导地位的时代。在这个时代里，主张浑天说的人和相关文献很多，但能流传至今的已经很少。学术界公推的代表说法，是张衡的《浑天仪图注》。虽然这本书是否真是张衡所著还有待考量，但书中所阐述的确实可以作为汉代浑天说代表性见解。

《浑天仪图注》中所阐述的浑天说是这样一派景象。

宇宙就如同一个鸡蛋，天壳浑圆而包裹在外，大地如同蛋黄而在其中，天大而地小。天与地都浮在水上。天凭着气而不坠落，地浮在水上而不陷落。

这是一个早期的浑天说，到了后来，有学者把天壳内半是气半是水改为全是气，形成了晚期的浑天说。

浑天说在天文学界最受人注目的是它的数学模式：

周天 365 1/4°，大地 182 5/8°浮在水上，182 5/8°沉于水下。北极高出地

36°，南极入地 36°。赤道是与极轴垂直，横截天球为两半，黄、赤道的交角为 24°。黄道上的夏至点去极 67 5/16°，冬至点去极 115 5/16°。这些数值与现代的准确值十分接近（现代周天度数为 360°，两相折算，各项数值都与现代值极其接近），这就使浑天说在古代确立起了显著的地位。

无论是宣夜说、盖天说，还是浑天说，就本质而言，都是属于思辨性的，不是实证性的，这是由于古代时期的客观条件所决定的。但就在这思辨之中，依然体现出了古代学者的实际观测成果与高度智慧的思辨能力。

知识链接

从“小儿辩日”话历法

在一部叫《列子》的古书中，记载有这样一个故事：孔子到东方去游学时，路上看见两个小孩在进行着激烈的争辩，于是上前询问他们为何争辩？小孩甲说：“我认为太阳在刚升起的时候离人近，而中午时离人远。”小孩乙说：“是太阳刚升起时离人远，而中午时离人近。”甲说：“太阳刚出时像车盖那样大，但到了中午只和盘盂一般大小，这不是远小而近大吗？”乙说：“太阳初出时人感到凉，到中午时太阳热得让人感到好像泡在热水中一样，这不是太阳近热而远凉，又是什么？”从这个故事中，可以看到我们的祖先很早就非常注意观测太阳，并对太阳的运行规律充满着好奇。人们从日出日落中，感受到一天的变化；从四季的更替中，感受到一年的变化。人们又从月圆、月缺的周期变化中，产生了月的概念。同时，人们还留心到天空的星象也在变化着，而这种变化也是周而复始，遵循一定规律的。久而久之，历法诞生了。

海边观日落

我国的历法大约始于新石器时代晚期，经历了夏、商、周的发展，到春秋战国时已趋于成熟。当时采用的古四分历，定一回归年的时间为365 1/4日，一朔望月的时间为29499/940日，在19年之间共包含7个闰月。这些数据在当时世界上是相当先进的。回归年长度数值只比真值多11分钟，罗马人于公元前43年采用的儒略历也用这个数值，晚于我国多达500年。十九年七闰法，古希腊的默冬是在公元前432年发现的，比我国晚了百年左右。我国后世的历法，都是根据古四分历创建的，并不断加以修正、改进。人们习惯于称我国的传统历法为“阴历”，这种说法其实是不正确的，实际上我国传统历法是阴阳合历，即年采用地球绕太阳公转一周的长度，月采用月亮（又称“太阴”）绕地球公转一周的长度。

同时，我国传统历法又与农业有着密切的关系。为了更精确地反映季节的变化，在历法中，把一年平均分为24等分，即平均15天多设置一个节气。节气的设置是中国传统历法所独有的，它使人们更便于正确地掌握农时，安排农事，对农业生产有着指导性作用。因此，中国的传统历法又被称作“农历”。

《墨经》中的天文学

《墨经》是约2450年前中国春秋战国时期墨家学派的重要经典。其中，对浮力原理的描述，代表了世界上最早对浮力原理的认识。

书中说：“荆（形）之大，其沈（沉）浅也，说在具（衡）。”意思是形体大的物体，在水中沉下的部分很浅，这是平衡的道理。书中又说：“沈（沉）、荆（形）之具（衡）也，则沈（沉）浅，非荆（形）浅也。若易五之一。”意思是浮体沉浸在水中的部分能和浮体保持平衡，浮体沉得浅，并不是因为浮体本身矮浅（而是浮体与水之间存在着比重关系），类似集市上的商品交易，一件商品可以换取五件别的商品。

这里，《墨经》在文字表述上有一个缺点，就是没有看到浮体沉浸水中的部分正是这个物体所排开的液体，浮力恰好与所排开的液体重量相符；是浮力与浮体平衡，而不是沉浸在水中的部分浮体和整个浮体平衡。虽然如此，从书中对浮力原理朴素直观的描述，我们仍可以看到，古人已经懂得浮体沉浸在水中的部分（它所排开的液体）和浮体的关系，这同后来希腊学者阿基米德所建立的浮力原理是一致的。

古代人民从大量的观察事实中认识到光是沿直线传播的，《墨经》中也有对光直线传播所做的最早解释。

实验的情况是：在一间黑暗小屋朝阳的墙上凿开一个小孔，人对着小孔站在屋外，在阳光照射下，一个倒立的人影就呈现在屋内对应的墙上。对此，《墨经》解释道："光之煦（照）人若射。下者之人也高，高者之人也下。"意思是说光穿过小孔如同射箭一样，是直线行进的，人的头部遮住了上面来的光，成影在下边，人的足部遮住了下面来的光，成影在上边，于是便形成了倒立的影。这段话将光的直线传播原理进行了科学地解释，阐述了小孔成像的现象。墨家所做的这个实验，是世界上首例小孔成倒像的实验。和墨翟差不多同时代的希腊柏拉图学派，虽然也认识到了光的直反射，但他们提出的光学理论比《墨经》晚，并且无法达到《墨经》的水准。

除此之外，墨家还运用光的直线传播原理，第一次解释了物和影的关系。《墨经》中说："景（影）不徙，说在改为……光至，景亡；若在，尽古息。"其意是在某一特定的瞬间，运动物体的影子是不动的，运动物体的影子看起来在移动，是旧影不断消失，新影不断产生的结果。书中又说："景二，说在重……二光，夹；一光，一。光者（堵），景也。"这是对本影与半影现象的解释。其意是一个物体有两个影子，是因为它受到双重光源的照射。当两个光源同时照射一个物体时，就有两个半影夹持着一个本影；当一个光源照射物体时，则只有一个影子。光被遮挡的地方即生成影子。

最早的子午线长度测量

子午线即地球的经度线，子午线长度是地理学、测地学和天文学上一项重要的基本数据，若想知道地球有多大，只需要测算出子午线的长度便可得知。中国唐代天文学家僧一行在世界上最早发起和组织了测量子午线长度的活动，国外实测子午线长度，是公元 814 年阿拉伯天文学家进行的，比我国

晚了 90 年。

僧一行（公元 683—727 年），本名张遂，魏州昌乐（今河南南乐）人，在研究天文历法方面有很深的造诣。他因不愿与武则天的侄子武三思交往，逃到河南嵩山的嵩阳寺做了和尚，取名“一行”。

唐玄宗即位后，请一行进京主持修订新历法。为此，一行在当时著名的机械师梁令瓒的帮助下重造了被前人遗失的黄道游仪和水运浑天仪。这两种仪器虽是分别脱颖于唐初天文学家李淳风所做的浑仪和东汉张衡所做的水运浑天仪，但还是有所创新和发展。他们在水运浑天仪上安上自动报时器：“立二木人于地平之上，前置鼓以候辰刻，每一刻自然击鼓，每辰则自然撞钟”，这实际上已称得上是世界上最早的机械钟。在漏壶的制作方面，梁令瓒、一行等使各部件“各施轮轴，钩键交错，关锁相持”，这种平行联动装置，实际上也是最早的擒纵器。

从此以后，分别在开元十三年（公元 725 年）、十四年（公元 726 年），一行派人到北起铁勒（今贝加尔湖附近），南起林邑（今越南中部）的 13 个地点，测量北极出地高度（地理纬度），冬至、夏至和春分、秋分日影长度，以及冬至、夏至昼夜漏刻长度，这一系列数据的测量对编造新历而言非常重要。

这次测量活动，以太史监南宫说等人在河南滑县、浚仪（今开封）、扶沟和上蔡四处的测量最为重要。这四个地点的地理经度较为接近，大致是在同一经度上。南宫说等人除了测出四处的北极高度和日影长度外，还测出了这四个地点之间的距离。一行从南宫说等人的测量数据中，计算出南北两地相差 351 里 80 步（唐朝尺度，合现代长度 129.22 公里），北极高度相差一度，这个数据就等于地球子午线一度的长。同现代测量子午线一度的长 111.2 公里相比，尽管存在一定的误差，但它毕竟是世界上第一次实测子午线，其意义自然不可低估。这一实测工作的意义还在于，它以实测结果再次推翻了《周髀算经》“王畿千里影差一寸”的说法，从而完全否定了盖天说的理论，进一步确立浑天说的稳固地位。不仅如此，一行在天文实测中还发现了恒星的位置与汉代相比已有一定变化，这比 1718 年英国天文学家哈雷发现恒星自行也早了近千年。

经过几年的准备，一行从开元二十三年（公元 725 年）着手编修新历，到开元二十五年完成草稿，同年一行去世。张说、陈玄景等人整理编定一行没有完成的著作共 52 卷。其中，包括：专题探讨、评说古今历法优劣的《历议》10 卷；研究前代各家历法的论集《古今历书》24 卷；翻译、研究印度历

法的《天竺九执历》1 卷；新历法本身的各种数值表《立成法》12 卷；推算古今若干年代日月五星位置的长编《长历》3 卷；以及新历法本身《开元大衍历经》1 卷。这些论著构成了一个内容丰富多彩、结构严谨完善的体系，使我国在历法研究上更加完善。

一行的《大衍历》比过去有许多创新，有中国古代对太阳视运动快慢总体规律的第一次正确描述。他确立的五星近日点黄经运动的新概念与他给出的进动值也是中国古代对五星运动认识的一大进步。一行的“五星爻象历”，比起张子信、刘焯的“人气加减”法，也赋予天文学更深刻的含义以及更完整的计算方式。

《大衍历》还第一次以表格形式给出了 24 节气的食差值，首创了九服食差的近似计算法，此外，也首次提出九服晷漏的近似计算法。一行确立的不等间距的二次内插公式，也比刘焯发明的等间距二次内插法更具优越性，这也证明一行具有很高的数学造诣。

郭守敬的天文仪器

元代初年，为了制定新历，元世祖忽必烈亲自征调郭守敬与王恂具体主持测验与推算工作。为了进行测验，郭守敬先创制了一系列的天文仪器，有圭表、仰仪、简仪、候极仪、浑天象、玲珑仪、立运仪、证理仪、景符、窥几、日月食仪、大明殿灯漏等近 20 种仪器。以上各种天文仪器中，圭表、仰仪以及简仪无疑是最重要的测量工具。

圭表本是最古老、最简单的仪器，郭守敬对它做了几项革新，从而大大提高了测验的精确度。首先，郭守敬创制出一个名为“景（影）符”的构件，是一块中间打出小孔的钢片。将它装在圭表的顶端，利用小孔成像的原理，能清晰地看到投影点，克服了过去表端影像边缘不清晰而影响测定精确度的缺点。其次，郭守敬将圭表的高度从原来的 8 尺一下子上升到 40 尺，整整是原来的 5 倍。同时，又将测量的精确度从原来的“分”提高到“厘”。在这样一系列的修订后，当时世界上最准确的回归年长度值等重要数据便是由此圭表测出。明代的邢云路沿用郭守敬的方法，把表高提至 60 尺，测得了比现代理论值只差 2 秒左右的回归年长度超级精确值，遥遥领先于世界当时的水平。

仰仪是一种用于观测太阳赤道坐标的天文仪器，为郭守敬所发明。它很

可能是受到传统的用油锅观测太阳与日食的启发而创制的，所以主体也是如同仰放的一口锅，只是锅内不放油，而是刻有纵横交错的赤道与地平坐标网格。锅口上安有十字交错的竿架，上面放置了一小板，板上开有一个小孔。日光透过小孔，在锅内投下亮点，就能在网格上读出太阳的具体方位与位置。利用这个仪器，还能通过小孔成像观测到日食的过程，不仅可以避免用肉眼直接观测太阳的不便，而且精确度更高，这就是仰仪的最大优点。

邢台达活泉公园郭守敬雕像

唐宋时期，创制出的浑仪非常复杂，这不是制造者故意画蛇添足，而是观测精确度提高与范围扩大的必然结果。因此，虽然复杂的浑仪使用起来大为不便，但也不是简单地除去一些环圈就能消除的，原因是这些环圈都代表了特殊的含义。

怎样才能既不影响精确度与范围又观测方便呢?

解决这一难题的，就是郭守敬创制的简仪。简仪是郭守敬制造的仪器中最优秀、最杰出的一件，它是我国古代天文学的核心仪器——浑仪的脱胎换骨，但远非浑仪所能与之媲美。

古代规模最大的天文观测活动

中国元代科学家郭守敬组织的天文观测活动，其规模在当时世界上都是最大的。

郭守敬（1231—1316 年），字若思，顺德邢台（今河北邢台）人，在天文、水利等多方面的科技领域中均取得不错成绩。至元十三年（1276 年），元政府命郭守敬等人负责制定新历法。这次历法的制定，主要以天文观测为依据，为此，郭守敬等人研制了十多种先进的天文仪器。至元十六年（1279

年），郭守敬在元世祖忽必烈的支持下，才开展较大规模的天文观测行动。

为使天文观测活动顺利进行，在郭守敬的倡议下，大都（今北京）建成了“司天台”，并在全国建立了27个观测点。这些观测点分布在南起北纬15°，北至北纬65°，东至东经128°，西至东经102°的广大区域内；其中，最北的北海观测点，几乎接近北极圈。郭守敬又挑选了14名监候官，分赴各观测点开展观测活动，他本人还亲临一些观测点进行指导和实地观测。

这次观测的主要内容，是夏至日日影长度、昼夜长短和北极高度，并获得了丰硕成果。同时，对于一系列天文常数也进行了测量，如：（1）公元1280年冬至时刻的精密测定；（2）测定当年冬至太阳位置；（3）测定当年冬至月距离近日点的长度；（4）测当年冬至月离黄白交点距离；（5）测定二十八宿距星度数；（6）测定大都二十四节气日出入时刻等。这次天文观测活动获得的许多数据，达到了当时世界上最领先的水平，为改革历法提供了宝贵可靠的科学根据。

知识链接

简 仪

在郭守敬创制简仪时，民间还流传着一段中外文化交流的佳话。早在1170年左右，曾有一位西班牙穆斯林天文学家贾博·伊本·阿弗拉，曾将一个浑仪拆散，希望制成一个能将球面坐标装置变成黄赤道转换器的计算器（或称“土耳其仪器”）。到1267年，马拉加天文学家札马鲁丁率一个使团从波斯伊儿汗国来到中国，据说很可能带来了黄赤道转换器的信息。10年以后，郭守敬在制作简仪时，很有可能参考了这一信息。北端装有定极环，南端装有赤道环与百刻环。通过对简仪进行的这一系列处理后，观测时候再也没有任何阻碍，显得方便易懂。

地平装置安在赤道装置的北面，由一对圆环构成：一个是阴纬环（地平圈），上刻有方位，水平放置；一个是立运双环（地径圈），垂直立于阴纬环的中心，还可以立着旋转，所以叫作“立运环”。环的中间安有窥管，当窥管对准某天体时，就能在环上读出地平经度与纬度。

在古代，由郭守敬制作的简仪达到非常先进的水准，远非世界其他各国所能企及。西方要到1598年丹麦天文学家第谷所创制的仪器才达到这样的水平。近现代出现的天文望远镜上的赤道式装置，特别是英国式的，简直与简仪如出一辙。因此，可以毫无顾忌地说：郭守敬创制的简仪就是现代天文仪器赤道装置的鼻祖！

可惜的是，郭守敬所制的简仪原件，在康熙五十四年（1715年）被传教士纪理安熔毁了。现在南京紫金山天文台所保存的简仪，是明正统年间（1437—1442年）的复制品，曾被八国联军掠走，直到第一次世界大战后才回归祖国，在那之后，又一次惨遭侵华日军的无情摧毁，是近代苦难中国又一件血泪见证。

第二节 地理成就

沧海桑田和海陆变迁

海陆变迁代表了地壳变化的一个重要方面。有关地壳变化的思想，我国古代在很久以前就有所记载。如在《周易》中，就已经有“地道变盈而流谦”的观点，认为地壳的高低形态会发生转化。古老的《诗经》中也有“高岸为谷，深谷为陵”的陈述。随着对陆地和海洋观察和认识的加深，这种有关地壳变化的思想也逐渐发展，古人意识到海洋与陆地这种有极大差别的板块也会发生转化，发生海陆变迁，并且对此作出了具有相当科学水平的论证。

“沧海桑田”这一概念，就是我国古代表达海陆变迁思想的生动术语。晋代的葛洪在《神仙传》一书中，就用神话传说故事对这一概念做出合理的解释。他写道：“麻姑谓王方平曰：‘自接待以来，见东海三为桑田。向到蓬莱，水乃浅于往昔略半也。岂复将为陵陆乎？’方平乃曰：‘东海行复扬尘耳。’”这个神话故事表达的中心思想就是，东海这个地方过去就曾经发生过海陆变迁，现在东海正在变浅，将来也会变为尘土飞扬的陆地。这里所称的东海，是泛指我国东部海域。在晋代以前，我们的祖先早已活跃在东海之滨，他们对于黄河和长江三角洲不断向海洋伸展和近海沙洲的出现是有着切身体会的。所以，上述神话中的海陆变迁思想，是以一定的实际观察为基础的，而不是纯属虚构和臆想。然而，它毕竟是神话，关于为何会出现海陆变迁这一转变却并没有深入探究。

到了唐代，颜真卿在《抚州南城县麻姑仙坛记》中，引了上述葛洪写的神话故事以后，接着写道：麻姑山“东北有石崇观，高石中犹有螺蚌壳，或以为桑田所变。”显然，这段论述，既以沧海桑田来解释海相螺蚌壳何以出现在高岩中，又从这螺蚌壳化石存在于高岩中，认识到这里发生过沧海桑田的变化。这就使海陆变迁的认识具有一定的科学依据了。著名诗人白居易通过对海滨情况的实际观察，写了一首表达沧海桑田思想的《海潮赋》：“白浪茫茫与海连，平沙浩浩四无边，朝来暮去淘不住，遂令东海变桑田。”这寥寥几句，反映了他对沧海变桑田过程的认识。虽然他所做出的解释还很不全面，但是他指出的海浪对陆地泥沙的不断冲刷和搬运到海中沉积，确实是使海淤填而成陆的一种地质作用。这说明他对沧海桑田的过程已经具备一定的认知了。

北宋的沈括把海陆变迁的认识又推向了一个新的高潮。他在《梦溪笔谈》中写道：“予奉使河北，遵太行而北，山崖之间，往往衔螺蚌壳及石子如鸟卵者，横亘石壁如带。此乃昔之海滨，今距东海已近千里。所谓大陆者，皆浊流所湮耳。尧殛鲧于羽山，旧说在东海中，今乃在平陆。凡大河、漳河、滹沱、涿水、桑乾之类，悉是浊流。今关、陕以西，水流地中，不减百余尺，

中国美丽的山川

其泥岁东流，皆大陆之土，此理必然。”由此可以看出，沈括已经采用综合分析的方法，首先，根据太行山麓岩石中含海相化石螺蚌壳和海滨一般具有磨圆度比较好的卵石分布的特点，证实这片山麓是过去的海滨形成的；其次，利用社会历史遗址和自然环境变化的历史比较方法，进一步表明现在是千里平原的地方过去是海洋；最后，从大海变成陆地的物质来源和它的输送途径，从陆地的形成是以漫长岁月的积淀方式进行的，从而论证了海洋变成陆地的问题。他认为黄河、漳水等含泥沙量很大，现在西北黄土高原地区由于河流不断下切，使河床加深，河水已经在不少于100多尺的深沟峡谷中流动了，这些被侵蚀的泥沙就都被河水带向东流，淤填海洋。到目前为止，华北平原海滨一带仍然以这种成陆方式在进行着。由此可知，沈括既比较全面地阐明了华北平原的形成，又有力地论证了海陆变迁现象，把起源很早的沧海桑田说，建立在更加科学的基础上了。在沈括以后，南宋朱熹也曾论述过海陆变迁现象。他在谈“海宇变动”的时候说：“水之极浊便成地”，“初间极软，后来方凝得硬”。又说，“尝见高山有螺蚌壳，或生石中。此石即旧日之土，螺蚌即水中之物。下者即变为高，柔者却变为刚。”从他这段论述可以看出，他不但相信海陆会发生变迁，而且已经认识到沉积在海洋中柔软的淤泥，经过长时间的地质活动，也会凝结成为坚硬的岩石。这是符合科学道理的。然而，朱熹毕竟是个唯心主义哲学家，他的唯心主义哲学观点极大地妨碍了他对科学理论的研究，把海陆变迁引到了灾变论的泥潭中，说天地 12.96 年一次大开合，高山螺蚌壳就是验证。关于水中淤泥形成岩石的论述，在宋代不止朱熹一人。在朱熹以前，杜绾在《云林石谱》中已经做了论述。杜绾在研究潭州湘乡和甘肃陇西两地的鱼化石过程中，就明确提出了“岁久土凝为石”的观点。在宋代以后，我国关于海陆变迁也还继续有人进行探讨，并且出现了测量海中淤积情况的试验。如元文宗天历元年（1328 年），当时一个水利部门曾经组织人在浙江盐官海塘外进行测量，隔一段时间测一次海深，加以对比，结果表明海底在淤浅。因为淤浅有利于海塘的安全，所以把盐官州改称为“海宁州”了。

海陆变迁是个极其复杂的地壳变化过程。其中，有许多地质作用规律需要探讨，要用许多科学方法去论证。从上述情况可以看出，我国古代在这个领域已经有多方面的贡献。其中，关于淤泥成岩作用的观点，就要比欧洲学术界出现同类观点要早出许多。沈括在论述沧海桑田过程中所提出的沉积地形形成原理，以及他同在《梦溪笔谈》中关于雁荡山等地流水侵蚀地形形成原理，在西欧学术界，直到 18 世纪末英国人郝登才提出同类原理。颜真卿、沈括等还对化石做出地质学意义的解释和利用化石来解释地壳变化（如海陆变迁），这也是地质学上的一项伟大进步。通常而言，我们将保存在岩层中的古代生物遗体或它们生存过的痕迹叫作“化石”。它是地壳变化的重要物证，因为一定的化石能说明这些生物生活环境的改变状况，说明包括地壳情况在内的自然环境的改变情况。现代科学尽管有许多方法来鉴定地壳变化，但是化石仍然是推断地壳变化和测定地层相对年龄的重要依据。在欧洲，古希腊的著作中也有关于化石和对化石认识的某些记载，但是这种研究还没有发展起来就中断了，到了文艺复兴时期才又开始发展起来，这比我国唐代的颜真卿晚了 700 年，比宋代沈括也晚了 400 年。事实上，在我国古代文人学士中，最早解释化石成因的并非颜真卿。我们知道，琥珀是松脂埋入地底经长期地质作用形成的化石。早在颜真卿之前 200 多年，南北朝的陶弘景就曾经说过：琥珀“旧说松脂沦入地千年所化。”可见，在陶弘景以前，我国古代人已经对化石的成因做出地质学意义的解释了。

古代对湖海水域的认识

“五湖四海”，今常用来泛指我国各地。

“五湖四海”，最早是“五湖”“四海”分说。见《周礼·夏官·职方氏》：“东南曰扬州……其川三江，其浸五湖。”《尔雅·释地》：“七戎、六蛮、九夷、八狄形，总而言之，谓之四海。”《论语·颜渊》：“四海之内皆兄弟也。”从宋代起“五湖四海”连用。

古代与现代意义上所说的五湖四海有所区别。古代的“五湖”“四海”说，反映了历史上人们对地理范围、湖海水域的一种认识。

“五湖”的说法在历史上主要分为两种：一种认为太湖（在今江苏）为五湖；一种认为太湖加附近的四湖为五湖。而今天所说的五湖是指鄱阳湖、洞庭湖、太湖、洪泽湖、巢湖，这是我国著名的五大淡水湖。鄱阳湖，古称“彭蠡”“彭泽”，位于江西省北部。洞庭湖，位于湖南省北部，长江南岸。太湖，在江苏省南部。洪泽湖，在江苏省洪泽县西部。巢湖，也称“焦湖”，在安徽省中部。

在中国历史上，“四海”一词有各种各样的说法。较早的意义是泛指我国各地。如《荀子》一书说：“四海之内若一家。”后来，随着古人对地理的进一步了解，四海说逐渐有了确切的水体含义，即指环绕我国四周的海，它们是东、南、西、北四海。如此一来，中国也称“海内”，其他国家和地区称“海外”。这种说法一直沿用下来。

我国今天有四海：渤海、黄海、东海和南海，但古今四海所指也大不

太湖美景

相同。

如今的渤海，在先秦时代叫作“北海”。《左传·僖公四年》记载，齐国要讨伐楚国，楚王闻讯便派人向齐桓公说：“君处北海，寡人处南海，惟是风马牛不相及也。”汉代时期，统治者曾在渤海的西侧设置北海郡。

现在的黄海，因处于黄河下游东边，古代称为“东海”。《孟子·离娄》记载：“太公避纣，居东海之滨。”所说东海即指今山东莒县东的黄海。《越绝书》记载：“勾践伐吴霸关东从琅琊台起观台，台周七里，川望东海。”琅琊在今黄海之滨的山东诸城东南。秦汉时，山东郯城及江苏海州一带黄海之滨设置东海郡。

如今的东海海域附近在古代时，曾被叫作“南海”。这是因为先秦时北方诸国把荆楚之地视为南方蛮夷，叫吴越东海一带为南海。由上引《左传》可知，楚王自己也承认楚国地处南海。《史记·始皇本纪》记载秦始皇“上会稽、祭大禹、望于南海。”所说南海即指今浙江绍兴东的东海。公元前214年，秦势力翻越南岭到达今天的南海边，统一了岭南地区，并在那里设置南海郡。所以最晚从秦代开始，古南海位置已相当于今天的南海。

中国东、南两面临海，所以古代东海、南海所指的海区容易确定，但西海、北海就不那么清楚了。《古今图书集成·山川典·海部》概括指出：“从古皆言四海，而西海、北海远莫可寻，传者亦鲜确据。”北海在先秦时指渤海，汉代以后，随着疆土范围不断拓展，北海变成现在的贝加尔湖（位于俄罗斯西伯利亚地区南部）。元代时，科学家郭守敬进行大规模的地理测量，其中北海测点的地理位置就在今贝加尔湖以北的下通古斯卡河下游地区。古代西海的位置无法确定，而且在不同的历史时期西海所指的位置也有所区别。有时指青海湖、博斯腾湖、咸湖、阿拉伯湖、波斯湾，有时甚至指远在西方地区的红海、地中海。

虽然古代四海说的位置、范围不够明确和规范，但是它毕竟是反映了古人对地理、海区水域的一种主动意识，在当时是有积极意义的。

最早的地震仪

所谓地震仪，就是指专门记录地震波的仪器，它能客观而及时地将地面的振动记录下来。其基本原理是利用一件悬挂的重物惯性，地震发生时地面振动而它保持不动。由地震仪记录下来的震动是一条具有不同起伏幅度的曲

线，叫作“地震谱”。曲线起伏幅度与地震波引起地面振动的振幅相应，它标志着地震的强烈程度。各种震波的效应能非常清楚地在地震谱上辨别出来。纵波与横波到达同一地震台的时间差，即时差与震中到地震台的距离成正比，离震中越远，时差越大。由此规律即可求出震中到地震台的距离，即震中距。东汉时张衡发明的地动仪，是世界上最早的观测地震的仪器。

东汉时期，地震频繁，据《后汉书·五行志》记载，自和帝永元四年到安帝延光四年（公元 92—125 年）的 30 多年间，较大的地震就发生了 26 次，给人民的生命财产带来无法估量的损失。为了掌握全国各地的地震动态，张衡在前人积累的地震知识基础上，经过多年研究，终于在阳嘉元年（公元 132 年）成功地创制出地动仪。

《后汉书·张衡传》记载：“地动仪以精铜制成，圆径八尺，合盖隆起，形似酒尊（酒坛）。”仪器里面，中央竖立着一根上粗下细的铜柱（相当于一种倒立型的震摆），叫作“都柱”。都柱周围有八条通道，称为“八道”，所谓八道，其实就是指和仪体相连的分列 8 个方向的 8 组杠杆器械。仪体外部相应地铸有八条龙，头朝下、尾朝上，按东、南、西、北、东南、东北、西南、西北八个方向布列。每个龙头的嘴里都衔着一个小铜球，每个龙头下面均蹲着一只铜制的、昂头张口随时准备承接小铜球的蟾蜍。一旦发生强烈地震，都柱便因震动而失去平衡，倒向地震发生的方向，从而触动八道中的一道，使相应的那条龙嘴张开，小铜球即落入铜蟾蜍口中，发出非常大的声响，这样人们就会知道在什么时间什么方位发生了地震。

铜制张衡地动仪

顺帝永和三年（公元 138 年）二月初三那天，安置在京城洛阳的地动仪，正对着西方的龙嘴突然张开，吐出了小铜球。激扬的响声，震惊了四周人们，使人不理解的是，大地并没有震动，地震仪为什么会报震呢，大概是地震仪不灵吧？谁知过了没有几天，陇西（今

甘肃西部）发生地震的消息便传来了，于是人们“皆服其妙”。陇西距离洛阳1000多里，地动仪能够准确地测知那里的地震，事实生动地证明了地震仪是何等的灵敏、何等的准确！

张衡创制地动仪，是世界地震学史上的一件大事，开创了人类使用科学仪器测报地震的历史，在人类与地震长时期做斗争的历史上书写下浓重的一笔。对此，长期以来中外科学家一直给予极高的评价，认为它是利用惯性原理设计制成的，能监测地震波的主冲方向。在科学技术还很落后的公元2世纪初能做到这一点，是极其难能可贵的。

从《山海经》到《水经注》

中国古代先民用自己的智慧创作的神话故事《山海经》至今仍然受到中小学生的推崇。明代著名旅行家和地理学家徐霞客，幼时在私塾读书时，就曾在课堂上偷看《山海经》而被先生抓到。鲁迅小时候也把《山海经》视作“最为心爱的宝书”，后来还特意在《朝花夕拾》中写了一篇《阿长与〈山海经〉》。

《山海经》由《山经》《海经》《大荒经》三部分构成，因为其历史极其悠久，作者是谁至今无法考证。其中，以《山经》成书最早，科学价值最大，也是我国现存最早的地理著作。

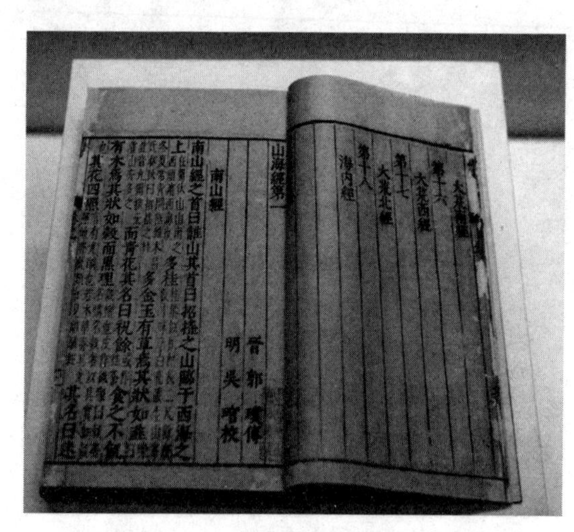

古书籍山海经

《山经》以山为纲，对黄河、长江流域的地理情况进行了综合的记述。整个描述的地域被划分为五个部分，今河南西部为中山经的主要地域，以南为南山经，以西为西山经，以北为北山经，以东为东山经。每个地区都按一定的方向和道里（距离），按照顺序描述各个山的地形、水文、气候、动植物、矿产等内容。共计描述了460座山，300条水系，27个湖泊，160种植物，270多种动

物，89 种岩石和矿物。

《海经》和《大荒经》则记载有大量的传闻和神话，就科学价值而言，尽管无法与《山经》相比，却为我们研究神话传说、历史、民族、宗教提供了丰富的资料。

三国时，有人以水道为纲，写了《水经》一书。全书约 1 万字，记述水系 137 条，分别说明源头、所经地、支流注入处所等主要内容。到了北魏时，著名的地理学家郦道元（公元 466 年或公元 472—527 年）以《水经》为基础，以给《水经》作注的形式，撰写了《水经注》一书。全书分 40 卷，约 30 万字，记述河道 1252 条。关于各大水系，都分别叙述了源头、干流和支流的吐纳分合等情况，并说明它们的方向、道里，使河流的脉络分明。书中还记述了河流流经地区的土质、地形、特产、城邑、水利工程以及它们的沿革变迁，所涉及地域，东北到坝水（今朝鲜大同江），南到扶南（今越南、柬埔寨一带），西南到新头河（今印度的印度河），西到安息（今伊朗）、西海（今咸海），北到流沙（今蒙古沙漠）。

《山经》和《水经注》，反映了我国早期的地理概念，“山川，地理也”（《汉书·郊祀志》）。书中更加偏重对于自然地理的叙述，同时，因为古代的中国是农业大国，因而又与农业生产之间存在着必然的联系。也就是如何根据不同的地理环境，因地制宜地从事农业生产，以解决百姓的衣食问题。这是我国古代地理学的一个重要分支。而在东汉以后，在中国传统地理学中占主导地位的，则走的是由《禹贡》《汉书·地理志》所开辟的另一途径。

《禹贡》很可能是战国时的作品，后来被收入《尚书》。它讲的是大禹治水后，各地如何向政府贡献田赋和其他贡品的法定制度，其书名就是根据这个意思而定的。《禹贡》这篇文章的总字数不到 1200 字，但贵在有极其丰富的内容。在讲贡赋制度的同时，还进行政区域、山岳、水文、土壤、物产、交通、民俗等，从其书名和内容看，就可以看出它与国家的管理有着密切的关系。事实上，把地理与国家管理联系在一起的思想，在《山经》中就已经有所反映，认为了解各地地理情况，是关于“国用”的大事。这些在中国传统地理学中，几乎都会有所体现。这一特点在汉代发挥到极致，并形成了传统地理学的基本格局。

我国首次以“地理”命名的著作，是东汉班固（公元 32 年—92 年）所著《汉书》中的《地理志》。它共分三部分，第一部分主要是转录《禹贡》和《周礼·职方》的全文，作为政区发展的沿革；第二部分论述疆域政区的

建置沿革，以及各郡县的户口、山川、物产及名胜等；第三部分讲地域分野、历史、风俗等。它赋予“地理”以一种新的意义，即以疆域政区的建置沿革为主，而将“山川”的比重大幅度进行削减。

《汉书·地理志》对后世的地理学影响极为深远。在24部“正史”中，有15部《地理志》，都是以《汉书·地理志》为典范写成的。唐以后编修的历代地理总志，如《元和郡县志》《元丰九域志》和元、明、清《一统志》，以及宋以后大量涌现的地方志，也都是承继《汉书·地理志》的编撰体例。这些地理著作，以供“王者司牧黎元，方制天下，列井田而底职贡，分县道以控华夷”之用（《旧唐书·地理志》），为治理国家提供了重要的依据，也因此受到历代统治者的重视。

马王堆地图和裴秀“制图六体”

绘制详细的地图与描述地理状况一样是为了治理国家服务，因而受到历代政府的重视。在先秦时期，人们已经绘制地图，并将地图用于政治、经济、军事的目的。先秦经典《周礼》中就说，大司徒（官名）的职责是掌握邦国地图的人，通过地图来了解山川地貌、都市、物产、疆域等。另一经典《管子》中，有专门的《地图篇》，说明地图对兵家的重要性，只有通过地图了解地形、地貌、路途远近等情况，才能“不失地利”，“举措知先后”。

在长沙马王堆汉墓中，发掘出土了公元前168年以前的三幅地图，全部是画在帛上的。现已对外公布其中的两幅。原图无名，现按图的内容和性质，取名为“地形图”和“驻军图”。这三幅地图，是我国也是世界上迄今遗存最早以实测为基础绘制的地图。

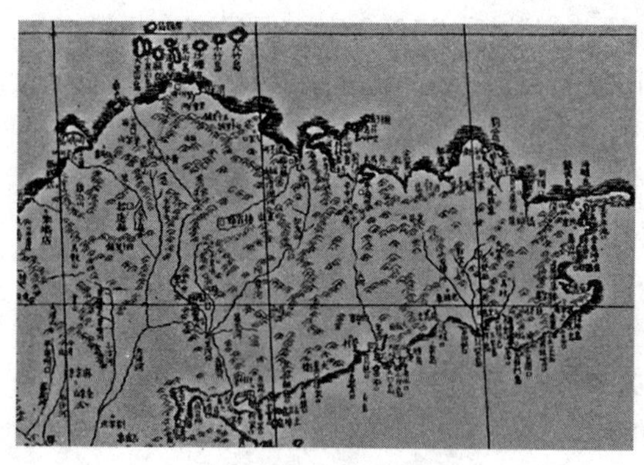
马王堆出土的“地形图”

地形图大致按1∶19万～1∶17万的比例尺绘制而成。图中对山脉、河流、居民点、道路等都有一定的画法。如用闭合曲线加晕线表示山脉的走向；河流上游细下游粗；县用矩形表示，乡用圆圈表示，又有大有小，表示县、乡的大小；

道路用细实线（有时也用虚线）表示等。

驻军图是一幅彩色军事地图，河流湖泊用蓝色，山脉用黑线，黑底套红的框框表示军队驻地，各驻军防线用红色实线划分，军用通道用红色虚线表示，而居民区用黑圈表示。图中共绘出九支驻军的布防、指挥点等状况。

这两幅地图不但彰显了当时中国的地图绘制水平，而且也反映了当时的测量技术和测量数学已达相当高的程度。

把古代制图学理论化，并创立制图理论的是西晋杰出地图学家裴秀（公元223—271年）。裴秀字季彦，河东闻喜（今山西闻喜）人。晋武帝时，裴秀担任司空（相当于宰相），兼任地官。地官管理全国的户籍、土地、田亩和地图，这对醉心于研究地图的他来说，想要查阅政府收藏的前代地图更加方便。他在原有地图测绘的基础上，加以总结、提高，创立了中国传统地图学的制图理论，并为了国家治理，使“王者不下堂而知四方”（《北堂书钞》卷九六），绘制出新的全国地图，泰始四年至七年（公元268—271年），他完成了《禹贡地域图》18幅，这是中国乃至世界历史上具有文字记载的最早地图集。他还把一幅用绢80匹，观看不便的《天下大图》，用“一分为十里，一寸为百里”（《晋书·裴秀传》）的比例（相当于1：1800000），缩制成《方丈图》。遗憾的是，这些珍贵的历史地图早已消逝在历史的长河中，而值得庆幸的是，裴秀的制图理论，因被收入《晋书·裴秀传》而得以保存至今。

裴秀创立的制图理论称为“制图六体”，也就是绘制地图时必须遵守的六项准则。即分率、准望、道里、高下、方邪、迂直。“分率”就是比例尺，说明必须有按比例反映地区长宽大小的比例尺；“准望”就是方位，用来确定地图上地形、地物彼此之间的位置关系；“道里”就是距离，用来确定各地间距离的远近；“高下”、“方邪”（方斜）、“迂直”（曲直），说明各地间由于地形高低变化和中间物的阻隔，道路也会跟着呈现出高下、方斜、曲直的对应变化，但制图时两地间所取的距离应是水平直线距离，所以要求“因地而制宜”，采取逢高取下，逢方取斜，逢迂取直的方法，确定水平直线距离，绘制地图。裴秀还强调指出，这六条原则是互为关联、互为制约的。六者缺一不可，少了哪一项，地图也就不可能准确地反映真实的地理情况。

裴秀提出的这些制图原则，是绘制平面地图的基本科学理论。这些理论一直为后世所沿袭，在我国传统制图学中，直到清代依然深受其影响。

知识链接

最早应用“海拔”概念的人

所谓“海拔”，就是用平均海水面当作标准的高度。中国元代著名科学家郭守敬，是世界上最早将“海拔”概念应用于地理学和测量学的人。

中统三年（1262 年），郭守敬被元世祖忽必烈任命为“提举诸路河渠”，负责各路河渠整修事务；以后，又担任河工水利的都水监等官职。在此期间，他勘察治理“河、渠、泊、堰”，兴修水利工程，发展农田水利事业，取得了十分了不起的成就。

至元十二年（1275 年），郭守敬奉命踏勘黄淮平原地形和通航水路，并寻找合适的地方建立“水站”（水上交通站）。他自孟津（今河南省孟津县东南）以东，沿黄河故道，在方圆几百里的范围内进行了地形测绘和水利规划工作，还画成地图，一一详细说明。据《知太史院事郭公行状》记载，在这项工作中，郭守敬“尝以海面较京师至汴梁地形之高下相差”，即以海平面为标准，比较大都（今北京）和汴梁（今河南开封）地形的高低。这是“海拔”概念在地理学和测量学中最早的应用，这一创举早于西方很多年。

踏遍万水千山的徐霞客

在我国明代，有一位奇人，他用自己的双脚丈量人生，同时也为自己的人生谱写了一个千古传奇。他就是我国明代著名旅行家和地理学家徐霞客。

徐霞客（1586—1641 年），名宏祖，字振之，别号霞客，江阴（今江苏江阴）人。

徐霞客出生于缙绅富贵之家，从小就特别喜爱看历史、《舆地志》和《山海经》、游记、探险记一类书籍。徐霞客在年龄尚小的时候，就被这些书籍中所描述的山河美景所吸引，于是，他下决心要做一番不平凡的事业。

由于徐霞客祖上几代为官，加上当时走仕途被认为是读书人的正道，所

以少年的徐霞客也无法避免要参加科举考试。但是通向仕途的大门并没有向徐霞客打开，失落之余，他下定决心把自己的全部精力倾注在地理研究上。

徐霞客雕塑

徐霞客在研读古代地理书籍时，发现其中很少有介绍各地的自然地理景观，特别是边远地区山水形貌的介绍更是寥寥数语，这使他深表遗憾。

俗话说："读万卷书不如行万里路。"万历三十五年（1607 年），22 岁的徐霞客背上行装，从此开始了外出旅行的征程。

在此后的 30 余年里，徐霞客每年都毫无例外地外出旅游考察一番。他不辞劳苦，万里遐征，北履燕冀，南涉闽粤，西北攀太华之巅，西南抵云贵边陲。这位孤胆旅行家的足迹遍及全国，到过现在的江苏、浙江、山东、陕西、山西、河南、河北、安徽、江西、福建、广东、广西、湖北、湖南、贵州、云南、北京、天津和上海等 19 个省份。徐霞客之所以风雨无阻，几十年从未间断地外出考察，与他家人的大力支持，特别是他母亲的鼓励有很大关系。母亲在 70 岁高龄时，还充满豪情壮志地陪徐霞客游览了荆溪、勾曲（今江苏宜兴一带）。

在考察过程中，徐霞客不仅经历了大自然的层层考验，而且总是受到种种人为因素的挑战。他曾经 3 次遇盗，4 次绝粮，几乎因此而毙命。然而，这一切艰难险阻都无法阻止他前进的步伐。

明崇祯九年（1636 年），是徐霞客外出旅游考察中颇具意义的一年。51 岁的徐霞客从家乡出发，途经江苏、浙江、江西、湖南、广西、贵州并到达了此次旅游和考察最远的地方——云南，历时 5 年。这次外出考察，是徐霞客一生中最后一次，也是为期最长的一次。

在最后一次考察中，徐霞客因"久涉瘴地，头面四肢俱发疹块"，染上重病，后来"二足俱废"，终于无法远行了。明崇祯十四年（1641 年），徐霞客病逝，享年 56 岁。

在长期游历生涯中，不管旅途多么劳累，情况如何艰险，他都坚持把当天的经历和考察情况记录在日记里面。在日记里面，徐霞客以清新奇丽的文字描摹大自然的瑰丽多姿。这些日记凝聚着徐霞客大半生的心血和成果，是不可多得的原始资料。可惜的是，他生前来不及整理，日记原稿大都散佚了。

后来经过数次整理成书，就是如今闻名于世的《徐霞客游记》。

《徐霞客游记》被誉为“古今游记之最”，全书共20卷，60多万字。《徐霞客游记》以日记体裁详细地记录了徐霞客旅行生涯中的所有见闻，真实而生动地记述了他所到之地的地质、地貌、水文、气候、动物、植物以及少数民族的经济状况和风俗习惯等，是他30多年坚持不懈地研究和探索自然奥秘的精华总结。游记内容涉及那一时代的方方面面，记述翔实准确，具有重要的科学价值和很高的学术价值。

知识链接

最早用科学方法解释潮汐现象的人

中国东汉的唯物主义思想家王充，是世界历史上最早用科学方法对潮汐现象做出解释的人。

中国在历代以来就拥有极长的海岸线与波澜壮阔的海域面积。早在远古时代，我们的祖先就已经注意到潮水有规律的涨落现象，约从战国时期开始，才把潮汐现象和月亮联系起来。

王充（公元27—约97年），字仲任，会稽上虞（今浙江上虞）人，曾任郡功曹、扬州治中等职。他在《论衡·书虚》中针对潮汐现象是鬼神驱使而生的迷信说法，明确指出：“潮之兴也，与月盛衰，大小，满损不齐同。”表明潮水涨落规律与月亮盈亏之间存在着一定的必然联系，从而在潮汐学中引进了天文学方法。这是用科学方法对潮汐现象所做的解释，欧洲直到12世纪才拥有这样的认识。

中国古代在潮汐研究方面走在世界前列。唐代窦叔蒙著的研究潮汐的专著《海涛志》，结合天文历法来解释潮汐的周日、周月和周年变化，并建立了推算一个月中每天高潮、低潮时刻的图解方法。《海涛志》是世界上关于编制潮时预报图最为悠久的文献。有关潮汐的研究到宋朝时期达到顶峰。据统计，当时的潮汐学专著至少有20多种。宋代的潮汐研究，在世界潮汐学史上占有不容忽视的位置。

第五章

丰富的医学科技

中国古代医学具有数千年的悠久历史，是我们祖先长期以来同疾病做斗争的智慧结晶，它有完整的理论体系和丰富的实践经验，是我们优秀民族文化遗产中一颗璀璨的明珠。千百年来，它一直为中华民族的繁衍昌盛和促进世界医学的发展做出了卓越的贡献。

第一节 医学经典

医学经典《黄帝内经》

《黄帝内经》的编成，绝不是传说故事中的那么简单，而是先秦医学家不断研究、不断实践的必然结果。据《汉书·艺文志》记载，当时有医经七家，共计216卷，但绝大部分已经散佚，而《内经》是仅存者。除此之外，尚有许多不见于文献记载的古代医书。这里特别值得一提的是，长沙马王堆西汉古墓出土的简帛医书。1973年底，长沙马王堆三号汉墓出土了大批简帛医书，其中，帛书有《足臂十一脉灸经》、《阴阳十一脉灸经》甲本、《阴阳十一脉灸经》乙本、《脉法》、《阴阳脉死候》、《五十二病方》、《却谷食气》、《导引图》、《养生方》、《杂疗方》、《胎产书》等。因《阴阳十一脉灸经》有甲、乙两种形式，合并起来，实际上为十种。还有《十问》《合阴阳方》《杂禁方》《天下至道谈》等竹木简医书四种。除《杂禁方》为木简外，其他三种均为竹简。以上共计14本简帛医书，共有3万余字。这些简帛医书都是汉文帝十二年（公元前168年）下葬的。据有关学者认为，各书的编撰年代不一，最早的可能编写于春秋时期，最晚的乃是战国末年至秦汉之际的作品，其中特别以《足臂十一脉灸经》和《阴阳十一脉灸经》最为古朴，是现今已知最早记载经脉学说的中医文献。《内经》所述十二经脉，正是在帛书所述十一经脉的基础上发展起来的。由此可知，还有一些比《内经》成书时间更为悠久的医药文献。这一点，我们还可以从《内经》本身的记载中找到例证。有人统计，《内经》所引用的古代医书达21种。单是《素问·病能》提到的古医书就有《上经》《下经》《金匮》《揆度》《奇恒》等多种。这些已佚的古代医学文献，还可从《史记·扁鹊仓公列传》中找到某些印证。换句话说，《内

经》正是在上述各类更原始、更古老的医学文献基础上，经过医家不断加以搜集、整理、综合成书的。

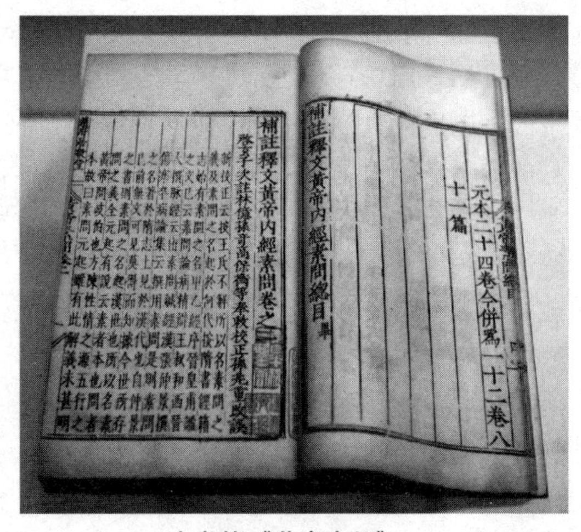
古书籍《黄帝内经》

《黄帝内经》这部医学经典由《素问》与《灵枢》这两部分内容构成。其成书时期一向存在争议。有人认为成书于春秋战国时期，有人说是秦、汉时期的作品，还有人断定成书于东汉甚或魏晋南北朝时期。我们认为，《黄帝内经》并非一时一人之手笔，大概是战国至秦汉时期，许多医家进行搜集、整理、综合而成，其中甚至包括东汉乃至隋唐时期某些医家的修订和补充。

《素问》和《灵枢》，原书各9卷，每卷9篇，各为81篇，合计162篇。传到唐代时期，《素问》仅剩下8卷，其中，第7卷的9篇已佚。唐代王冰注解此书时，又从他老师处获得一秘本，便补充了《天元纪大论》等7篇，仍缺2篇。现存的《内经·素问》，虽有81篇之篇目，但其中的第72篇"刺法"，第73篇"本病"，只剩下篇名却不见具体文章。直到宋代，又补充两篇，附录于该书之后，称为《素问遗篇》，很明显是后人伪托之作。《灵枢》一书，原来只剩残本。北宋元祐八年（1093年），高丽献来《黄帝针经》，哲宗随即下诏颁发天下。直到南宋时的史崧，才把"家藏旧本《灵枢》九卷"加以校正出版。这就是现存最早版本的《灵枢》。从现在的《素问》《灵枢》两书来看，各篇篇幅长短悬殊，就连文字风格体例都有较大差别。如《素问·经络论》，通篇仅144字，而该书的《六元正纪大论》和《至真要大论》等篇，字数却在六千字以上。又如《灵枢·经脉》，字数超过4500个，而同书的《背腧》篇，仅为146字。在文字风格上，有的很古朴，有的又类似于汉赋，有的所举事例是汉以后才出现的。如《素问·上古天真论》论述养生时，有些语句很像《老子》；《素问·宝命全形论》称人民为"黔首"，当是秦或秦以前的称呼；《素问·生气通天论》言平旦，言日中，言日西，而不以地支名时，与秦人写作习惯相似。《素问·脉解篇》说："正月太阳寅，寅、

太阳也”，则可断定为汉武帝太初元年（公元前104年）以后的作品；因为秦代和汉初皆用颛顼历，而颛顼历是以亥月为岁首的，直到汉武帝太初元年才更改为以寅月为岁首。就每一篇章的内容分析，它们之间有些还存在相互解释的关系。如《素问·针解》和《灵枢·小针解》分明是解释《灵枢·九针十二原》的。这就证明，《针解》和《小针解》是在《九针十二原》之后成篇的。这样的事例，不胜枚举。由此可见，《内经》确非一时一人之作。《四库全书简明目录》介绍《黄帝素问》时说："其书云出上古，固未必然，然亦周、秦问人传述旧闻，著之竹帛。"这种说法基本上与事实相符合。

《内经》的内容十分丰富，它全面地论述了人与自然的关系，人的生理、病理、诊断、治疗及疾病预防等。《素问》所论包括有脏腑、经络、病因、病机、病症、诊法、治疗原则以及针灸等。《灵枢》也大体相同，除了论述脏腑功能、病因、病机之外，还着重介绍了经络腧穴、针具、刺法及治疗原则等。两书都运用了阴阳五行学说，阐明了因时、因地、因人制宜等辨症论治的原理，体现了人体与外界条件统一的整体观念。正是这些重要的论述，为中医理论的形成奠定了根基。

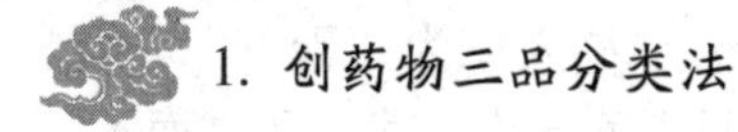

《神农本草经》

《神农本草经》，简称《本草经》《本经》，是我国现存最早的药物学专著。首次记载在南朝梁阮孝绪《七录》。《神农本草经》撰者不详，托名《神农》，成书年代，有战国说、秦汉说、东汉说。大多数人认为，该书并非出自一人一时之手，大约是秦汉以来许多医药学家不断搜集药物学资料，直至东汉时期才最后加工整理成书。唐代初年，该书的原版就已经失传，现今传本是后人从《太平御览》《证类本草》等辑录而成。《神农本草经》辑复本的版本较多，其中以清顾观光辑本、日本森立之辑本以及清孙星衍、孙冯翼合辑本最为完整。

《神农本草经》3卷，也有4卷本（《序录》或《序例》单立一卷），内容非常丰富，反映我国东汉以前药物学的经验与成就。

1. 创药物三品分类法

《神农本草经》收载药物365种，其中植物药252种、动物药67种、矿

物药46种。将药物按性能功效的不同分为上、中、下三品，首次开创用分类的办法研究本草的先河。“上药一百二十种为君，主养命以应天，无毒，多服久服不伤人，欲轻身益气不老延年者，本上经。中药一百二十种为臣，主养性以应人，无毒有毒，斟酌其宜，欲遏病补虚羸者，本中经。下药一百二十五种为佐使，主治病以应地，多毒，不可久服，欲除寒热邪气破积聚愈疾者，本下经”（森立之辑《神农本草经·序录》）。尽管三品分类法存在分类过于含混不清，没有较为清晰的划分标准等不足或缺陷。如瓜蒂是催吐药，应列入下品，却列在上品；龙眼是补养药，应定为上品，却列于中品等。但提出上品药物“主养命”，使人强壮，延年益寿；下品药物“主治病”，多毒，不可久服；中品药物介于二者之间的药物分类方法，这也称得上是我国药物学最早的分类方法，对启迪后人研究药物分类和指导临床应用颇有意义。

2. 概述中药学基本理论

（1）论述方剂君臣佐使的组方原则。

《神农本草经·序录》指出：“药有君臣佐使，以相宜摄合和，宜用一君二臣三佐五使，又可一君三臣九佐使也。”说明方剂按君、臣、佐、使的配伍原则组合，能够更好地发挥治疗作用，克服其毒性与不良反应。尽管《本草经》中所提及的君、臣、佐、使各药的味数过于死板，不够灵活，但作为组方总则，一直为后世医家所遵循。

（2）提出药物七情和合理论。

中华国粹——中药

《神农本草经》指出：药物“有单行者，有相须者，有相使者，有相畏者，有相恶者，有相反者，有相杀者。”在这七类药物的配伍中，医者较为常用的配伍方法是相须与相使这两种，所以提出“当用相须、相使者良”；相畏、相杀是应用毒、剧药物的配伍方法，所以提出“若有毒宜制，可用相畏、相杀者”；相恶、相反是属于用药禁忌，所以提出“勿用相恶、相反者”。该书对近200种药物

的配伍宜忌作出说明，可以看到，药物之间尽管存有极为复杂多变的关系，但只要配合得宜，便可奏效。

（3）完整提出四气五味的药性理论。

《神农本草经》明确指出："药有酸、咸、甘、苦、辛五味，又有寒、热、温、凉四气，及有毒无毒。"要求医者明确知道药物四气五味和有毒无毒的情况，成为历代研究药性、指导中药应用的基本原则。在对有毒药物的使用上，尤其给予告诫称："若用毒药疗病，先起如黍粟，病去即止。不去，倍之；不去，十之；取去为度。"强调必须从小剂量开始，一点点增加剂量，奏效即止，避免药物中毒这种严重后果的发生。

（4）阐述药物采集、加工、炮制和制剂。

《神农本草经》指出，药物"阴干暴干，采造时月，生熟，土地所出，真伪陈新，并各有法"，强调要选择适宜的采集时间，掌握药物的生熟程度，还要了解地理环境对药物产生的影响。对药物进行收藏时，要注意区别阴干或晒干的药材。还要对药物真伪新陈及质量优劣进行鉴别。关于药物制剂，指出："药性有宜丸者，宜散者，宜水煮者，宜酒渍者，宜膏煎者，亦有一物兼宜者，亦有不可入汤酒者，并随药性，不得违越"，主张要根据药性和病情，采用不同的剂型。

3. 记载临床用药原则和服药方法

在临床用药实践中，该书强调："欲疗病，先察其源，先候病机，五藏未虚，六府未竭，血脉未乱，精神未散，食药必活。若病已成，可得半愈。病势已过，命将难全。"强调药物不是万能的，最重要的是在疾病可以治疗的时候，要尽快防治。关于临床用药原则，《神农本草经》认为："疗寒以热药，疗热以寒药，饮食不消以吐下药，鬼疰蛊毒以毒药，痈肿疮瘤以疮药，风湿以风湿药，各随其所宜。"体现其辨证用药和辨病用药结合的主张。

在服药方法上，《神农本草经》根据病位所在，对服药时间做了详细规定："病在胸膈以上者，先食后服药；病在心腹以下者，先服药而后食；病在四肢血脉者，宜空腹而在旦；病在骨髓者，宜饮食而在夜。"以上认识，尽管过于死板，但对后世中医时间用药的研究与临床应用具有一定的启迪与指导价值。

总而言之，《神农本草经》集东汉以前药物学大成，系统总结秦汉以来的

用药经验，是我国第一部药物学经典著作。限于当时的历史条件和科学水平，该书难免存在一些错误，如水银“久服神仙不死”、赤箭“主杀鬼”等。但瑕不掩瑜，《神农本草经》的药物学成就，对后世药物学的发展有着至关重要的影响。

《伤寒杂病论》

张仲景（约公元150—219年），名机，南郡涅阳（今河南邓县穰东镇，一说今河南南阳市）人，是东汉末年杰出的临证医学家。张仲景自幼好学，博学多才，曾经被荐举为孝廉，有传说称他曾经担任过长沙太守，因此被人称为“张长沙”，他的方书也被称为“长沙方”。但是，他是否当真做过长沙太守，史学界尚无定论。

张仲景年轻时随同郡张伯祖学医，经过多年刻苦钻研及临床实践，其医术已经远远超过他的师父张伯祖。张仲景生活在东汉末年，当时政治黑暗，社会动乱，民不聊生，各地纷纷爆发农民起义，统治者残酷镇压，战火绵延，天灾频繁，疫病横行，到处是“白骨露于野，千里无鸡鸣”的惨状。据张仲景《伤寒杂病论·序》记载，他的宗族原有200多人，可是自汉献帝建安元年（公元196年）以来，不到10年时间，有2/3的人死亡，其中竟有7/10的族人死于伤寒疾病。张仲景目睹这种人间惨剧，心中悲痛欲绝，决心“勤求古训，博采众方”，深入研究《素问》《九卷》《八十一难》《阴阳大论》《胎胪药录》等医药古籍，结合自己临床实践，摸索出治疗伤寒的规律。在他不断尝试实践中，终于著成《伤寒杂病论》这部临证医学名著。

中医药博物馆张仲景雕像

张仲景一生著作很多，据文献记载，除《伤寒杂病论》外，还有《疗妇人方》2卷、《五脏论》1卷、《口齿论》1卷等，遗憾的是，这几部医书至今为止仍没发现，恐怕早已散佚。

《伤寒杂病论》约在建安十一年（公元206年）成书，原书16卷，对外感热病的发生和发展提出独到的见解，对40多种杂病的防治做了系统阐述。书成之后，由于兵燹战乱，原书散乱于世，其中，伤寒部分经西晋王叔和收集、整理、编次，成为《伤寒论》。杂病部分由北宋翰林学士王洙在馆阁发现蠹简《金匮玉函要略方》，北宋林亿等人据此，删去伤寒内容，保留杂病和妇科病，并把方剂分列各证之下，整理编成《金匮要略方论》3卷，简称《金匮要略》。现今流传的《伤寒论》和《金匮要略》，实际上是在《伤寒杂病论》原著基础上分别编写而成。

张仲景继承《黄帝内经》等古典医籍的基本理论，总结当时人们同疾病做斗争的经验，以六经论伤寒，以脏腑论杂病，提出包括理、法、方、药系统的辨症论治原则。使中医学的基础理论与临床实践密切结合。

药王孙思邈与《千金方》

《备急千金要方》《千金翼方》常合称《千金方》，唐代孙思邈撰。

孙思邈，唐太宗赐“孙真人”，后世尊为“药王”。隋唐时期京兆华原（今陕西铜川市耀州区）孙家塬人。约生于隋文帝开皇元年（公元581年），卒于唐高宗永淳元年（公元682年）。孙氏《备急千金要方·序》说：“吾幼遭风冷，屡造医门，汤药之资，罄尽家产”，因此立志学医，“青衿之岁，高尚兹典，白首之年，未尝释卷”，最终成为一代神医。

孙氏鉴于古代诸家存世医方“部帙浩博，忽遇仓猝，求检至难，比得方讫，疾已不救矣”“乃博采群经，删裁繁重，务在简易”，并与自己数十年治病经验相结合，撰成《备急千金要方》。孙氏“以为人命至重，有贵千金，一方济之，德逾于此，故以为名也”。《备急千金要方》（以下简称《千金要方》）成书于永徽三年（公元652年），那一年，孙思邈已经71岁高龄。其后又集晚年近30年的经验，于永淳二年（公元682年）撰成《千金翼方》，以补《千金要方》的缺失部分。《千金方》是唐代最具代表性的医药学名著，被誉为我国历史上首部临床百科全书。

孙思邈将多达6500余首医药方汇编成书，取名《千金方》。其每门之下，先列举自《内经》以降各家相关理论，再根据不同症候附以方剂。这些方剂既有前代名医用方，又有当时民间流传的验方，还吸收少数民族医方和来自国外的医方。如书中既有张仲景的桂枝汤、麻黄汤等，又有民间验方齐州荣姥方、九江散等，少数民族的蛮夷酒、匈奴露宿丸等，波斯的悖散汤和天竺（印度）的耆婆方等。至目前为止，其中的许多方剂还在广泛使用，如犀角地黄汤、紫雪丹、独活寄生汤、千金苇茎汤、大小续命汤等。

《千金要方》说：“先妇人、小儿，而后丈夫、耆老者，则是崇本之义也。”孙氏将妇人病冠于众疾之首，《千金要方》卷2到卷4和《千金翼方》卷5到卷8专论妇科疾病，涉及求嗣、调经、妊娠、产后、崩漏、带下、癥瘕等。如月经不调，孙氏认为其病因为风、寒、热、湿、饮食、劳倦、情志所伤，导致脏腑、气血、阴阳失调，治宜祛瘀、清热、补虚诸法，方用抵挡汤、桃仁散等。对养胎、胎教也有比较深刻的认识，如妇人受胎三月宜“口诵诗书，古今箴诫，居处简静，割不正不食，席不正不坐，弹琴瑟，调心神，和性情，节嗜欲。”

《四部医典》

《四部医典》，又叫《医方四续》，藏名简称《据悉》，藏族医家宇妥·元丹贡布编撰。

宇妥·元丹贡布，唐开元十七年（公元729年）生于拉萨西郊堆龙、吉纳附近，卒于唐大中七年（公元853年）。其曾祖父、祖父都曾身为皇室的御医，他在这种家庭氛围的熏陶下，对医学产生已极为浓厚的兴趣，加上其深厚的医学造诣，最终成为吐蕃王朝的首席侍医。他曾到过山西五台山和藏南、日喀则、康定等地，跟着名医学习，也曾在今印度、尼泊尔、巴基斯坦等地行医，在此期间，他不仅拥有较为丰富的临床经验，而且对许多民间的医学知识进行有意识地收集。宇妥·元丹贡布以早期吐蕃医学为基础，广泛吸收内地及各方医学，历经20多年，撰成藏医经典著作《四部医典》。它的问世，标志着藏医药理论体系的形成。鉴于宇妥·元丹贡布对藏医学的杰出贡献，被藏族人民尊称为“医圣”“药王”。

《四部医典》分4部，凡156章，收方443首，载药1002种。第1部《总则本集》（藏名《扎据》），为医学总论；第2部《论述本集》（藏名《协据》），记述人体解剖、生理、病因、病机、治则、药物、器械；第3部《秘诀本集》（藏名《门阿据》），详述临床各科疾病的症状、诊断、治疗；第4部《后续本集》（藏名《其玛据》），讲述脉诊、尿诊、药物理论、外治法等。《四部医典》的编撰体例，以药王及其5个化身相互问答形式，采用七言或九言的诗歌体，对医药常识进行系统的汇总。对于各种疾病的阐述，采用医学理论与临床经验相结合，每种疾病都分述病因、分类、症状、治疗，清晰明了，便于理解。

《四部医典》不仅对古代藏医学进行较全面地总结，反映藏医特色和藏族医药学经验，而且吸收和借鉴汉族医学、印度医学、大食医学的医学理论和医疗经验，在一定程度上进行了创新。《四部医典》成书以来，作为最重要的藏医学经典著作，始终指导着藏族医生的临床实践，成为学习藏医的必读医籍，“不读《四部医典》，不可为人医”，由此可以看出这部医学巨著的重要性。鉴别、真伪鉴定及学习药物知识等，都具有重要意义。该书问世后，沿用300余年，唐太医署将其作为医学教材。

此书在宋以后遗失。后世发现该书的早期版本主要是日本仁和寺藏本的残卷和清光绪二十五年（1899年）从敦煌石窟出土的卷子本残卷，后者现分别藏于大英博物馆和法国国家图书馆。当代尚志钧有《唐·新修本草》的辑佚本。

李时珍与《本草纲目》

在中国医学史上，《本草纲目》是一部内容丰富、论述广泛、影响深远的医药学巨著，该书由李时珍编著而成。

李时珍（1518—1593年），字东璧，晚年号濒湖山人，蕲州（今湖北蕲春县）人。祖父为铃医，父李言闻（号月池）为当地名医。少年时期的李时珍已经对一些医药经典进行涉猎，曾经跟在为人治病的父亲身边帮抄药方。但当时医生的社会地位低下，李言闻不希望李时珍以医为业，而要他走科举道路。李时珍14岁考中秀才，其后三次赴乡试均没有考中。23岁后李时珍放弃再考科举而决心跟父亲学医。由于他刻苦钻研医理，用心吸取前人医疗经验，并且善于发挥自己的创造性，加上对病者的高度同情心，所以他行医时不仅疗效好，而且医德很高尚，因而声誉卓著。至30岁时，诊断并医好了楚王（朱英㶿）儿子的“虫病”，声名远播，旋被楚王府聘请

李时珍药物馆

为“奉祠”，掌管“良医所”事务。后又被荐举到北京“太医院”任“院判”，但是，他对功名利禄的生活并不感兴趣，任职一年后便托病辞归。

李时珍在行医过程中，发现以往的本草书中存在着很多的错误、重复或遗漏，“舛谬差讹、遗漏不可枚数”，深感这将关系到病家的健康和生命，因此决心要重新编著一部新的本草专著，因此，34 岁时的李时珍已经开始为编著此书有意识地收集资料与整理自己为人治病的心得。他“渔猎群书，搜罗百氏。凡子史经传，声韵农圃，医卜星相，乐府诸家，稍有得处，辄著数言”。除认真总结吸收前人经验成就外，还向药农、野老、樵夫、猎人、渔民等底层劳动者请教，亲到深山旷野考察和收集各种植物、动物、矿物标本。而且，对某些药物还亲自栽培、试服，以便取得正确的认识。经过 27 年辛勤努力，参考了 800 余种文献书籍，以唐慎微的《经史证类备急本草》为基础，进行大量的整理、补充，并加进自己的发现与见解，经过三次大修订，至公元 1578 年李时珍 60 岁时终于编成《本草纲目》这部巨著。

《本草纲目》全书 52 卷，是我国古代文化科学宝库中的一份珍贵遗产，具有多方面的重要成就。

（1）对我国在 16 世纪以前的药物学进行归纳总结：《本草纲目》对药物广泛收载，多达 1800 百余种，较《证类本草》所记载的药物 1500 余种，增加了 300 余种。书中附有药图 1000 余幅，药方 1 万余个。它对 16 世纪以前我国药物学进行了相当全面地总结，是我国药学史上的重要里程碑。

（2）对本草书中的某些错误之处进行纠正：如把实为两药而被混为一物的葳蕤与女萎分清；把同是一物而被误为两药的南星与虎掌更正；把被误为兰草的兰花、被误为百合的卷丹区分开；把被误列为草类的生姜、薯蓣归为菜类等。

（3）提出了当时最先进的药物分类法：对药物的分类，李时珍按照“从贱至贵”的原则，即从无机到有机、从低等到高等，基本上符合进化论的观点，因而成为当时世界上最先进的分类法。他把药物分为水、火、土、金石、草、谷、菜、果、木、器服、虫、鳞、介、禽、兽、人共 16 部，包括 60 类。每药标正名为纲，纲之下列目，纲目清晰。

（4）对各种药物常识进行系统地阐述：《本草纲目》对每种药物的记述，包括校正、释名、集解、正误、修治、气味、主治、发明、附录、附方等项，从药物的历史、形态到功能、方剂等，记述得极为详尽。尤其是发明这项，主要是李时珍对药物观察、研究以及实际应用的新发现、新经验，这就更加丰富了本草学的知识。如三七的功效，李时珍总结为“止血、散血、定痛”，这是比较符合实际的高度概括。又如延胡索止痛、大风子治麻风等功效，李时珍都给予明确的肯定。

（5）对于一些违反科学的见解进行指正：李时珍通过科学的总结，批判了以往记载服食水银、雄黄可以成仙的说法，纠正了一些反科学的见解。如水银，李时珍指出“大明言其无毒，本经言其久服神仙，甄权言其还丹元母，抱朴予以为长生之药。六朝以下贪生者服食，致成废笃而丧厥躯，不知若干人矣！方士固不足道，本草其可妄言哉？”又如“草子可以变鱼”等一些反科学见解，李时珍都给予说明更正。

（6）丰富了世界科学宝库：《本草纲目》不仅对药物学做出详细记载，同时对人体生理、病理、疾病症状、卫生预防等做出不少正确的叙述，而且，综合了大量的科学资料，在植物学、动物学、矿物学、物理学以及天文、气象等许多方面有着广泛的论述，因而对上述各方面都做出了重要贡献，丰富了世界科学宝库。

（7）对大量古代重要文献进行了辑录保存：《本草纲目》所引载的16世纪以前的文献资料，有些原书后来佚失，但由于《本草纲目》摘录记载，使某些佚书的资料得以保存下来。

总而言之，《本草纲目》对世界医学史都是厥功至伟，贡献不少。但是，限于历史条件，作者也存在错误之处。例如，他相信“烂灰为蝇”“腐草为萤”及妊妇食兔肉“令子缺唇”等不科学的说法；赞成“古镜如古剑，若有神明，故能辟邪魅忤恶”的无稽之谈；宣扬“寡妇床头尘土”治“耳上月割疮”的封建迷信之说等。然而，总体而言，李时珍的成就是主要的。《本草纲目》自1596年第一版刊行后，屡经再版，影响深远，并且很早流传到朝鲜、日本等国，还先后被全译或节译成日本、朝鲜、拉丁、英、法、德等文字。鲁迅对《本草纲目》曾高度评价为“含有丰富的宝藏”“实在是极可宝贵的”。1956年，当时中国科学院院长郭沫若对李时珍的崇高题词为：“医中之圣，集中国药学之大成，本草纲目乃1892种药物说明，广罗博采，曾费30年之殚精。造福生民，使多少人延年活命，伟哉夫子，将随民族生命永生。”李时珍的名字及其贡献，将永载史册，与世长存。

除《本草纲目》外，李时珍还著有《濒湖脉学》《奇经八脉考》，使脉学和经络学说的内容更加丰富。

知识链接

炉火纯青

距今约4000年以前，我们的先祖就开始了对青铜的炼制。青铜是铜与锡的合金，因颜色显青绿而得名，它具有很好的铸造性，可以浇铸成各种各样的器物。

在长期的生产实践中，古代铸造工匠积累了丰富的经验。他们总结出：浇铸青铜器要看火候，具体表现为“气”的颜色。大约在战国时期一部手工艺技术著作《考工记》中，详细记录了这方面的知识。书中说，冶铸青铜，以铜和锡为原料，初炼时会冒出黑浊的气，黑浊的气没有了，接着冒出黄白的气，黄白的气不见了，接着冒出青白的气，青白的气没有了，剩下的全是青气时，就表明浇铸的时机到了。

根据现代科学知识，我们知道了所谓“气”的颜色就是光的颜色，实际是反映了温度的高低。开始炉中温度较低，是“黑浊之气”，这主要是附着于铜料的木炭燃烧产生的。随着炉温升高，铜、锡都会发出一定颜色的光，由“黄白之气”渐渐向“青白之气”转化，最后，当看起来全是青气，就表明“炉火纯青”的火候已到，此时精炼成功，便可以浇铸了。

根据研究，“炉火纯青”对应的温度约为1200摄氏度。在现代，如此高的温度通常是用光学高温计来测量的，在古代则完全由工匠用肉眼观察。他们取得的经验令人惊叹。

第二节 高超的医术

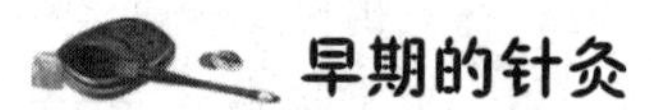

早期的针灸

中医学中必不可少的组成部分，就是针灸。它的起源和我国劳动人民长期的劳动生活、生产实践密切相关。60 万年前的北京猿人在旧石器时代，已知道应用砾石和石类作为生产工具，也作为同自然和野兽做斗争的有力武器。

在原始社会里，原始的石片和木棒是常见工具，也有极少的石器样式，这时铜与铁器还没有出现。随着人类生活的需要和工具的制作使用逐渐生产，到氏族公社以后，人们已经掌握了两头打制、控制和磨制的技术，制出了种类较多，比以往精细适用的石器，并发现在日常生活中某些工具可以作为治病之用，积累了一些适用工具治病的经验。砭石是中国最原始的医疗工具。

针灸铜人正面

在公元前 6 世纪至公元 1 世纪的古书，如《山海经》《左传》《韩非子》《内经》《史记》等许多古书里都记载古代曾用石器治疗疾病。近年来考古出土文物中所见的实物证明，古代医用的石器，包括热敷、按摩、叩击体表、割刺脓疡、放血等不同的石器工具。其中，刺入人体组织的石器叫砭石，据说它是一种锐利的石块。《山海经》里记载：“高氏之山，其下多箴石。”又说：“高氏之山，有石如玉，可以为箴。”郭璞注：“砭针，治痛肿者。”《说文解字》说：“砭，以石刺病也。”全元起注：“砭石者，用石外治

之法，有三名：一针石，二砭石，三镵石，其实一也。”在那个时期，古人还不懂得铸铁工艺，所以用石头磨成针。可见针和砭石不仅是原始的外科工具，也是我国针术的萌芽。

以上这些记载，表明砭石治病是起源于石器时代，我们祖先经历了原始社会各个阶段，创造了原始农业、手工业和原始文化艺术，针术就是起源于这一时期。

灸治的起源，是原始人类在烘火取暖的基础上，发现用兽皮、树皮包住烧热的石块或砂土做局部热敷可以缓解疼痛，解除某些病痛。如因寒冷而引起的腹痛，或寒冷所导致的关节痛等，这便是原始的熨法。人们在生活实践中逐渐掌握了更多治疗疾病的办法。后来用树枝或干草做燃料，使局部受到温热刺激，也能消除或缓解许多病痛，这样就逐渐形成了灸法。《素问·异法方宜论》里说：“藏寒生满病，其治宜灸焫。”从这段记载来看，说明灸法的发现同寒冷环境的生活密切相关。到了春秋战国至秦汉时代，医生们多以灸法、熨法作为治病的重要手段。可以知道，灸法对于某些病的治疗功效是相当高的，在临床应用上也非常普遍。

“起死回生”的扁鹊

社会发展到东周以后，也就是春秋战国时期（公元前770—222年），由于宗族制度的破坏，土地私有制度已经形成，对农业生产起着推动作用。随着仿制工具的广泛应用，工商业也跟着发展起来。因此，在文化上的创造得到进一步的发扬，使人类的知识获得提高。

在医学方面，鬼神致病的观念发生了动摇，人们已经慢慢知道生病要请经验丰富的医生看病并且开出药方食用。所以当时流行着一句话：“如果医没有行到三辈人的，不要随便吃他的药。”外科医生要医好过折断三次手臂的，才算有经验。扁鹊就生长在这样的时代，他也是当时最有经验的名医。

扁鹊生长在河北省任丘市，姓秦，他真名叫越人。本来他家是经营旅馆业的，有一天，一个名叫长桑君的客人曾在他家旅馆居住，据说是个非常有名的医生。聪明的扁鹊认识到长桑君不是一个平凡的医生，便很尊敬他，给他最周到的服务。长桑君亦看中了扁鹊的聪明，非常喜爱。一天，长桑君把扁鹊叫到寝室里去，低声地对扁鹊说：“我年老了，有很多灵验的方药，想传授给你，你愿意吗?”扁鹊很开心地向长桑君学习医术，认识并学会运用那些

灵验的药方。扁鹊依照长桑君传授的方法给别人治病，确实效果很好，在不断地实验和不断地研究中，扁鹊终于成了名满天下的名医。

历史书上记载着几个扁鹊医好危险重病的故事：有一次他到山西，当地一位权威很大的官，叫赵简子，据说他是一个狼子野心的人，想要夺取山西晋王的位子。想了很久没有实现，卒然害病就昏迷了五天，人事不省，扁鹊摸到他的脉搏还在不断地跳动，又了解到他思想上存在的问题，便断定赵简子是由于过度用脑，一时昏晕，并没有丧命，果然不出三天就清醒过来了。

又有一次，扁鹊到了陕西（虢国），这里的王太子害了重病，四肢冰冷，知觉丧失，所有人都以为太子已经死了，只是忙于办丧事。但是很奇怪，太子死了半天多还不收尸（不僵硬），扁鹊受了好奇心的驱使，先从旁打听清楚了病情，再进行诊断，发现太子还有微弱的呼吸，两股内侧并没有完全冷却，便断定是假死。当时就在太子头顶的正中“百会穴”刺一针急救，一会儿就苏醒了。同时在两肋下用温热药包来熨，太子便能坐起，后来吃 20 多天的药，竟完全恢复健康，扁鹊的医术又取得了更多人的信赖。

过一些时间，到了山东，山东齐王的太子叫桓公午，他听说扁鹊到了，便殷勤地招待他。扁鹊察言观色，知道桓公午有病，便告诉桓公午说：“你身上已经有了病象，不过还存在皮肤里，如不及时治疗，可能演变成严重疾病。”

恒公午一直认为医生都是一群贪图名利之辈，对扁鹊的话不以为然，因此不听扁鹊的劝告，不肯医。

五天后，扁鹊见到桓公午又说：“你的病情已经恶化危及血脉了，要是还不医治，会更加严重。”桓公午听了很不高兴，不理睬他。

又隔了五天，再看到桓公午时，扁鹊又郑重地说：“你的病已经蔓延到肠胃，再拖延下去，恐怕今后就来不及医治了。”这回桓公午更不高兴了，仍然不理睬扁鹊的话。

扁鹊庙

又过去了五天，扁鹊看见桓公午，望望他的脸色，便大吃一惊逃跑了，桓公午派人去问他为什么要逃跑？扁鹊说：“病在皮肤，并不深入的时候，用点汤药或者熨药，便可医治好；等病影响到了血脉时，也可以用扎金针

的方法治疗；病既伤了肠胃，都还可以想点方法来配药酒吃；可是现在桓公午的病已经深入到骨髓了，我已经无能为力挽救他的生命，所以才跑开。”

不久，桓公午就全身发烧、疼痛，急忙派人请扁鹊时，扁鹊已经逃到秦国去了。最终，桓公午由于病入膏肓而不治身死。

扁鹊既有这样高的本领，群众都把他当作活神仙，到处传说扁鹊连死人都医得活。扁鹊却很谦虚地说：“我哪里会医活死人呢？只是病人没有真正死的时候，我能仔细地诊断出来，设法医治就是了。”

当时，有一部分人总认为人之所以生病，原因是鬼神在作怪。如孔夫子害病，他的学生就主张求神。晋国的国王害病，也说是有两个小鬼害了他，所以巫医还在当时继续存在并危害人的性命。扁鹊是坚决反对鬼神迷信的，他号召群众不要受巫医的欺骗，他说：“害病相信巫神，不相信医生，他的病就不能治疗好。”这样教育群众，避免人们受到损害。

扁鹊为人民服务的热忱和钻研学术的毅力都很大。他路过邯郸，邯郸的妇女很多害带病，扁鹊为了医治好她们，便决定暂时住下来。不断地研究医治带病的方法，结果许多带病都医好了。妇人们非常感激他，群众说他是妇科专家。

后来他又从洛阳经过，洛阳城里年老体衰的人，多患五官病，尤其是眼花耳鸣这类的病很多，扁鹊耐心地给这些人医治，多数都恢复了健康。群众又称扁鹊为“五官科专家”。

有一次扁鹊到了咸阳，咸阳一带小儿的疾病很多，当地最著名的医生如李谧等，都无能为力，经扁鹊竭力救治，终于把威胁着这些小孩子的疾病治好了。咸阳人都称赞扁鹊是小儿科专家，可是这件事却引起李谧的嫉妒，有一天，嫉妒攻心的李谧便派人将这位备受人们尊崇的医者扁鹊杀害了。

由于扁鹊在医学活动中给人民留下了极其深刻的印象，因此群众到处为他建庙立碑，现在他的庙还散见于全国各地，他的家乡仍被称为“药王庄”。并累世相传地纪念着。

华佗的“神药”

东汉末年，有位杰出的医学家，他不但精于外科，而且在诊断、药物、针灸、妇产科和体育卫生等方面也颇擅长。他首创用全身麻醉法施行外科手术，为后世所推崇。关于他治病救人的故事，历经数千年的相传，至今仍活

跃于民间。他就是中医外科的鼻祖——华佗。

华佗（公元141—208年），字元化，一名男，沛国谯（今安徽亳州市）人。青年时期的华佗也曾到徐州游学。他兼通术数、经书和修身养性之法，而对功名利禄一事表现得非常淡泊。当时沛相陈硅和太尉黄琬都举荐他做官，均遭到谢绝。但他情愿把毕生的精力用于钻研医学及为群众治病方面。他乐于接近群众，足迹遍及江苏、山东、安徽、河南等地，深得群众的信仰和爱戴。同时，他善于把群众的智慧（民间经验医学）集合总结，所以在医学方面取得了突出的成绩，做出了卓越的贡献。

相传，华佗具有非常精湛的医术。传说他曾为孙策治疗弩毒，为关羽治疗箭伤，又替曹操治疗头风病。他善于掌握特效疗法，用药简单，功专力宏；针灸定穴，也是如此，仅取一、二穴位，就可以收到极好的疗效。

东汉末年，名医华佗医术超群，有古籍记载：

“华佗医术之妙，世所罕有。但有患者，或用药，或用针，或用灸，随手而愈。若患五脏六腑之疾，药不能效者，以麻肺汤饮之，令病者如醉死，却用尖刀剖开其腹，以药汤洗其脏腑，病人略无疼痛。洗毕，然后以药线缝口，用药敷之。或一月或二十日，即平复矣。”文中所载的“麻肺散”医学上又叫“麻沸散”，是由华佗发明的世界上首例手术全身麻醉药。麻沸散是怎样发明的呢？

有一天，华佗的病人很多，一天下来，他早已疲惫不堪。为了解除疲劳，华佗喝了一些酒。可是因为劳累过度，加上空腹，没饮上几杯酒就酩酊大醉了，而且人事不知，别人呼叫、拍打都没有反应，好像死去了一样。华佗的妻子吓坏了，可是摸他的脉搏，却发现跳动正常，这才相信他是真的醉了。过了两个时辰，华佗醒了过来，家人把刚才他喝醉的事情跟他说了一遍，华佗听了大为惊奇：为什么拍打我的时候我都不知道呢？难道喝醉酒能使人麻醉失去知觉吗？

后来，华佗做了几次试验，得出结论：酒的确有麻醉的作用。再以后，给病人动手术时，华佗就叫病人喝酒来减轻痛苦。可是有些手术刀口大，疼痛剧烈，光用酒来麻醉显然不够，该怎么办呢？

一次，华佗行医时遇到一个奇怪的病人：病者牙关紧闭，口吐白沫，手握拳，躺在地上不动弹，呼叫、拍打、针灸全无知觉。华佗上前看他的神态，按他的脉搏，摸他的额头，一切都正常。他向病人家属询问病因，家属说：“他身体非常健壮，没有得过什么病，就是今天误吃了几朵臭麻花子（又名

‘洋金花’)，才得这种病的。”华佗连忙说：“快找些臭麻花子拿给我看看。”病人的家属把一株连花带果的臭麻花子送到华佗面前，华佗接过闻了闻，又摘朵花放到嘴里品尝一番，顿时觉得头晕目眩，满嘴发麻，华佗不禁惊叹：“好大的毒性呀!”

华佗用清凉解毒的办法治愈了这名患者，华佗没有收取此人的钱财，而是要了一捆连花带果的臭麻花子抵消了治病的报酬。

从那天起，华佗开始对臭麻花子进行试验，发现这种植物麻醉效果很好，又经过多次不同配方、不同剂量的反复炮制，发现用其制成药酒麻醉效果显著，华佗于是给这种麻醉药酒起了个名字——麻沸散，并广泛用于临床。

西方医学开始在手术中使用麻醉药是19世纪40年代，而华佗在公元2世纪就已经用全身麻醉进行剖腹手术，这说明中医外科手术使用麻醉药的历史至少比西方提前1600余年。

在中国古代，“药”本身总是存在一种比较神秘的色彩。当一位患者生死攸关之时，医师能用一剂良药将其治愈，人们便称为“起死回生”“药到病除”；当一个人陷入必死之绝境，人们又会形容其“无可救药”。所以在古代社会，人们对“药”的功能，类似于对古老神圣的盲目崇拜。

据史书记载，东汉末年的神医华佗，就经常用“神药”救人于水火。有一次，广陵太守陈登忽然感到胸中烦闷，面色红赤，厌食，华佗为他诊脉之后说：“你胃里寄生着一种虫子，是吃鱼腥类的东西所致。”于是华佗为陈登煎了2升中药汤，陈登喝下去之后没过多久就吐出了3升多虫子，它们的头是红的，还能活动，吐出虫子后陈登的病很快就好了。华佗又对陈登说：“你的病3年之后还会复发，到时候如果遇见高明的医师才可以治愈。”到了第三年，陈登果然再度发病，但是华佗不在，其因治疗不及时而死去。

有一位名叫李成的军吏，终日剧咳不已，夜间无法入眠。华佗送给他3钱中药粉，李成服后当即吐出2升脓血，病也渐渐好了。华佗告诫李成说：“18年后你的病还会复发，到那时如果不吃这种中药，一定会死的。”在李成的要求下，华佗又给了他一剂药，以备发病时用。5年后的一天，李成见到邻居有一位病人与他当年的病症极为类似，病情危急，李成心生怜悯，把华佗留给他的药让那位病人吃了，病人获得救治。李成又去找华佗，想再要一剂，正遇上华佗得罪了曹操，被关在监牢里，李成想要请求华佗赠药之事只好不了了之。18年后，李成旧病复发，这时华佗早已被曹操杀害，所以李成无药救治而死。

知识链接

曹操与华佗的故事

曹操曾患有头风病，时常发作，听说华佗治病高超神奇，便请其代为诊治。华佗认为，这种病需要长期治疗，否则无法去除病根。但华佗又不愿终日侍候曹操，于是寻找借口躲在家中，终日闭门不出。曹操发病时，屡次派人去请，华佗始终不肯上路。曹操大怒，将华佗抓了起来，并且说："华佗明明能治好我的病，却拖延搪塞，他是想以我的病抬高自己，我不杀他，他也不会为我根治疾病的。"于是将华佗杀害。后来曹操最宠爱的小儿子仓舒病重久治不愈而亡。曹操叹悔："我真不该杀了华佗，如果华佗还在的话，我的爱子也不会轻易死去了。"

脉学与针灸

魏晋时期，脉学取得较大成就，医家王叔和对我国3世纪以前脉学进行比较系统的整理和总结，撰成《脉经》，为中医脉学发展奠定基础。这一时期的针灸学也有显著提升，相对以往而言，有了更多的讨论针灸的文献，最具代表性的是皇甫谧《针灸甲乙经》，对后世针灸学的发展产生深远影响。

1. 王叔和与《脉经》

我国的脉诊起源很早，先秦时期已有较为全面的脉学史料。例如，《周礼》中有切脉以察脏腑病变的记载；《左传·昭公元年》记述秦公派遣医和诊治晋侯之疾，医和以色脉互参详论其病的史实。《史记·扁鹊仓公列传》有"至今天下言脉者，由扁鹊也"的说法，由此可知在战国秦汉时代，扁鹊是人们公认的脉学鼻祖。《黄帝内经》收载大量秦汉以前的脉学资料，论述40多种脉象，又提出三部九候诊法和气口人迎脉诊法。《难经》最早提出寸口诊脉法，并论述脉学的基本理论，但形成专著为时过早。

两汉时期，脉诊已普遍应用于临床，成为中医诊病的重要组成部分。东汉医家张仲景《伤寒杂病论》是脉法成功应用于诊疗实践的名著，把脉、病、证、治融为一体，充分表现了东汉时期医家的丰富脉诊经验。然而，脉学尽管得到不断发展，仍缺乏全面的整理和理论的提高。至魏晋时期，王叔和对脉学进行第一次较系统总结，撰成《脉经》，奠定我国脉学发展的基础。

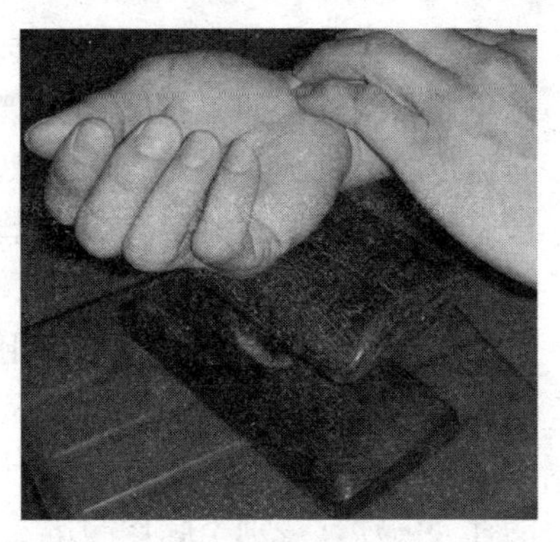

把脉

王叔和，名熙，西晋高平（一说山东巨野，一说山西高平）人。早年曾是游方医，根据有关传说称，王叔和由于医术高超，因而被举荐为太医令。宋代张杲《医说》引张湛《养生方》，认为王叔和“博好经方，尤精诊处；洞识摄养之道，深晓疗病之源”，并记述王氏重视饮食调摄的养生主张。唐代甘伯宗《名医传》称其“性度沉静，通经史卜，穷研方脉，精意诊切，洞识摄养之道”。近代有学者认为，王氏任晋太医令之事，有待进一步考证。

王叔和对医学的贡献，一是系统总结脉学，撰著《脉经》；一是整理编次《伤寒杂病论》。由于《伤寒杂病论》成书后，屡遭战乱兵燹，不久即散佚，是王叔和首先对该书有关伤寒的内容进行搜集、整理和重新编次，使之得以流传后世，很大程度上促进了晋唐以后临证医学的发展。王叔和对伤寒部分的整理，是以仲景所论各种治疗方法的“可”与“不可”条文进行编次排列，如“不可发汗证”“可发汗证”“不可灸证”“可灸证”等，由此打开依照治法分类研究《伤寒杂病论》的先河。张仲景的《伤寒杂病论》经王叔和整理编撰推，得以流传后世，对中医学的发展产生深远影响。但后世医家对其编撰《伤寒杂病论》，褒贬不一。如明清有些医家对王氏多有争议，指责王叔和对仲景原著“多所改易窜乱”，使后人无法窥其原貌，结果导致“错简”一派的形成。然而赞誉者认为仲景之伤寒学经王叔和之力而得以保存至今，如果没有王叔和的编撰举措，恐怕张仲景的《伤寒杂病论》早已湮没在历史的洪流中不复存在，如元代王安道赞其“功莫大矣”。王氏距仲景生活年代最近，所编次之书也比较接近仲景原著内容，伤寒学说得以延续，王叔和功不可没。

王叔和博通经方，精于诊病，在临床中体会到脉诊的重要性，但当时脉象缺乏规范和统一，给诊病带来许多不便。如《脉经·序》指出：“脉理精微，其体难辨，弦紧浮芤，展转相类，在心易了，指下难明”，说明准确体察脉象非常困难，如果指下诊脉错误，一定会对病人的病情有所贻误。可是当时流传的上古脉学文献，多深奥难懂，且零散而不系统，于是王叔和系统整理总结《内经》《难经》及扁鹊、华佗、张仲景等医家的有关论述，并结合自己临床经验，著成《脉经》。

《脉经》10 卷 98 篇，包括脉诊、脉形、脉象与脏腑关系，脉象阴阳分辨以及妇人脉、小儿脉的辨识等。

《脉经》重点阐述脉学，还论述针灸理论和临床治疗。对经络和辨证取穴的针灸治疗，特别是脉诊与脏腑经络辨证的结合、针灸和药物并用的治疗方法，都有精辟论述，对针灸临床也有指导意义。《脉经》还涉及相当的伤寒内容，对后世仲景学说的研究，颇有启迪。

王叔和《脉经》是我国现存最早的脉学专著，全面总结公元 3 世纪以前的脉学成就，确立和完善“独取寸口”的诊脉方法，在规范脉名、确定各种脉象特点以及寸关尺分部所属脏腑等方面都进行系统阐述，从而促进中医临证医学的发展。

2. 皇甫谧与《针灸甲乙经》

魏晋南北朝时期的针灸学取得显著成就，出现我国现存最早的针灸学专著——皇甫谧《针灸甲乙经》。该书对《内经》《难经》及秦汉时期的针灸进行系统整理与总结，为后世针灸的发展奠定基础。

皇甫谧（公元 215—282 年），字士安，幼名静，晚年自号玄晏先生。西晋安定郡朝那（宁夏固原市彭阳县古城镇）人，后随叔父迁居新安（今属河南洛阳市）。皇甫谧小时候家贫，一边耕作，一边读书，经常废寝忘食，对经史百家都有所涉及。他的性格沉稳、安静，喜欢著书。一生所著甚丰，有《帝王世纪》《高士传》《逸士传》《列女传》《玄晏春秋》等史学著作，是一位颇负盛名的学者。《晋书·皇甫谧传》说他“有高尚之志，以著述为务”，林亿在校订《甲乙经》的序言中称皇甫谧“博综典籍百家之言”。晋武帝曾征召他入朝为官，被婉言谢绝。他在《释劝论》中阐述医学的重要性，对于历朝历代名医的高超医术尤其钦佩不已，如言“若黄帝创制于九经，岐伯剖腹以蠲肠，扁鹊造虢而尸起，文挚徇命于齐王，医和显术于秦晋，仓公发秘于汉皇，华佗存精于独识，仲景垂妙于定方”，表示要发奋学医，精研岐黄。

晋武帝被皇甫谧的才学所折服，总是赏赐他许多书籍。

皇甫谧的身体较为虚弱，加之长年劳累，常服寒食散，导致其精神衰颓。42岁时因罹患风痹症后而潜心钻研医学，“习览经方，手不辍卷，遂尽其妙”，自此，致力针灸研究。他深感当时针灸书籍“其义深奥，文多重复，错互非一”，不易学习和流传，所以以《素问》《针经》《明堂孔穴针灸治要》3部医籍中有关针灸内容为依据，总结秦汉以来针灸之成就，并结合自己临证经验，于魏甘露年间（公元256—259年），编撰成《黄帝三部针灸甲乙经》（以下简称《针灸甲乙经》或《甲乙经》），这是我国现存最早的一部针灸学专著。皇甫谧尚有《寒食散论》1卷，可惜早已散佚。

《针灸甲乙经》12卷，128篇。内容丰富，既叙述人体脏腑的生理功能和病理变化，又重点归纳整理经脉腧穴、考订腧穴部位、临证针灸治疗和操作手法。1卷至6卷是中医学的基本理论与针灸学的基本常识；7卷至12卷是临床经验总结，包括各种疾病的病因、病机、症状和腧穴主治。该书按生理、病理、诊断、治疗等内容进行归类编排，层次分明。

皇甫谧根据《素问》《针经》《明堂孔穴针灸治要》3部医书所述及的腧穴进行全面系统的归纳整理，如对腧穴的名称、部位、取穴法等逐一考订，重新厘定腧穴位置，并增补新穴位。《甲乙经》整理厘定的腧穴有349个，其中，双穴300个、单穴49个，比《内经》增加189个穴位。经《甲乙经》整理、定位的腧穴，在相当久一段时间内成为针灸取穴的标准。

总而言之，《甲乙经》是《内经》《难经》之后对针灸学的第一次全面总结。把针灸治疗和脏腑经络的生理、病理紧密结合起来，对人体腧穴、针灸操作方法和临证治疗等方面都做了较系统的论述，确立了针灸的理论体系，并为针灸成为临床独立学科奠定了基础。

知识链接

催生丹与秋石

《证类本草》中提出的用兔脑做催生丹用以妇人的催产是世界上最早发

明的。

《证类本草》卷十七兽部中品一节，在“兔”条目下，记载着这样一段内容。

经验方云：催生丹，兔头二个，腊月取头中髓，涂于净纸上，令风吹干。通明乳香二两，碎入前干兔脑髓，同研。来日是腊（日），今日先研……以猪肉和丸如鸡头大，用纸袋盛贮，透风悬。每服一丸，醋汤下良。久未产，更用冷酒下一丸，即产。此神仙方，绝验。

以上一段记载中值得注意的有两处。首先，它用的是整个兔脑。由于当时技术上的限制，要摘取兔子的脑垂体还有一定的困难，因而用全兔脑，其中，就包括脑垂体在内，而且兔脑中只有一个内分泌腺对妇女催产起着决定作用。其次，是“催产丹”的制法。它并不按一般中药那样煎煮后服用，而是把兔脑放在纸上，用风吹干，然后用乳香加入兔脑中，研成末。如此一来，脑垂体中的有效成分就不至于因在加工中被高温破坏而失去功效。

催产素是具有使子宫收缩的特效制剂，几乎百试不爽，所以书中说“此神仙方，绝验。”

西医直到近代才知道用脑垂体激素制剂催产，不过此时已经知道这是一种激素的作用。

北宋的大科学家沈括在他的医药著作《苏沈良方》中提到的从尿中提炼“秋石”的方法，是世界上最早的对性激素的提取和应用。

书中介绍的提炼“秋石”的方法包括“阴炼法”和“阳炼法”两种。其中，符合科学原理的是“阴炼法”，其具体步骤是这样的：取人尿三至五担，尿液新陈均可用，发臭味的尿液也可以用。先把尿液放入大盆中，加入一倍清水，用棒棍不停地搅拌达数百次，然后静置使其澄清后，倒去上层清水。取沉渣，再兑入大量清水搅拌数次，静置后取沉渣。这样重复数遍，直到沉渣不现任何臭味为止，这样的沉渣便是秋石了。等到秋石彻底干燥后，便生成洁白的粉末。然后，用人奶汁和成膏，曝干。干后再加奶汁研膏，如此重复九遍，最后做成丸药备用。

还有一种方法（即阳炼法），是在尿液中兑入皂角汁，再用竹篦子来回搅匀，静置后取下层浊液，再加清水继续搅拌，最后取得少量下层浊液，把它熬干后取结晶，加上热水使其溶化，然后用筲箕过滤，直至熬得洁白如霜的结晶。然后，把结晶放在砂盆中加热，使温度增高至结晶升华为气，集气冷凝后复结晶再炼，如此几遍。最后所得结晶，便可入药。

根据沈括的记载，他用这种秋石做成的丸药，医治好了不少病人，其中，有的还是他的亲戚，甚至他父亲和他本人。古代秋石治病的适应症有"虚劳冷疾"（《本草纲目》），也就是虚弱症，而且要属于虚寒型的。人们认为它有滋补作用，即"强骨髓、补精血"等。秋石的另一个作用就是具有性兴奋作用，即"服者多是淫欲之人，借此放肆"（《本草纲目》引自《琐碎录》）。

牛痘接种的先声：人痘术

在英国人琴纳没有发明牛痘接种以前，中国古代先民就已经发明并使用人痘接种法了。

传说在宋仁宗（1023—1063 年）时候，王旦丞相的小孩子都害天花，并且害得很厉害。后来王旦的夫人又生了一个小孩子，取名王素，非常聪明，很得王丞相的宠爱，只是，他始终忧心王素也会得天花疾病。适逢着有个四川人去见他，告诉他峨眉山上有神医种痘，种了痘便不会害天花。王丞相听了非常高兴，专门到峨眉山把这位神医请来，果然种痘后 7 天这娃娃发烧了，痘子出得很好，12 天痘子便结疤了。王丞相非常感谢这位神医，酬谢他很多礼物。

清朝初年，有位医生叫胡美中，就学习了峨眉神医那套种痘方法，一直到清朝雍正初年还有人见到这胡美中医生在南京行医种痘。

人痘的接种方法最初分四种。（1）痘浆法：是用棉花蘸染痘疮的浆，塞进鼻孔；（2）旱苗法：指的是将痘痂研细，用银质的小管吹入鼻孔；（3）痘衣法：就是把害痘疮小孩的内衣，交给另一小孩穿，这个小儿便会出现痘疮；（4）水苗法：把痘痂调湿，再蘸棉花，塞进鼻孔。

后来不断地改进，由“时苗”改为“熟苗”，这便安全得多了。所谓时苗，就是天花出得很好，没有杂症的痘痂，这种痘痂还是存在安全隐患的。熟苗是采用出得好的痘痂，连种七次以上，如都出得很好，再选择其中最好的痘痂来普遍接种。这种痘苗，由于接种的次数多，毒性小，接种后出的痘疮就轻松。

牛痘发明人琴纳用牛痘接种在人身上，除了苗原和接种的方法不同外，它的原理与熟苗是完全一致的。这是中国在免疫学史上值得传颂的事情。

由于人痘接种法的不断改进，不仅受到全国人民的欢迎，也引起了欧亚各国的重视。先后流传到俄罗斯、朝鲜、日本，以及远达欧洲、非洲各国。

从康熙二十六年（1687 年）中俄两国签订了《尼布楚条约》以后，帝俄政府就派学生来北京学习汉满文字，八旗子弟也开始学习俄文。当时天花流行，俄国又派学生来中国专门学习种痘、检痘等方法，准备归国后做防治天花的工作。

俄国人学好后，不仅带回国去，还积累了更多的经验，在道光（1821—1850 年）时候，还有胜过中国种痘名医的俄罗斯医生来中国执行医疗任务。

日本的人痘接种法是在乾隆九年（1744 年），由杭州人李仁山传到长崎去的。日本人首先向李氏学习的是折隆元、掘江元道两位医生。到了乾隆十七年（1752 年），《医宗金鉴》这部书流传到了日本，中国的种痘法便在日本全国盛行了。

有关种痘法的传播，朝鲜接触的时间不如日本早，大概在乾隆二十八年（1763 年）以后才传过去的。而且也是通过《医宗金鉴》这部书的流传而传去的。

至于传到欧洲去，是经过俄罗斯人的转手，传入土耳其，再由土耳其传到整个欧洲，时间大约在康熙五十六年（1717 年）。那时有位英国大使驻扎在土耳其，这位大使的夫人经过俄罗斯医生种痘后，学得这个方法，后来回国去便把这人痘接种的方法传遍了欧洲。

自然他们这时的接种方法已经不是用鼻苗了，而是先把接种人的虎口刺破，再涂上痘浆，包扎完密，也有时种在臂膊上。在中国的种痘书上，也有刺破儿臂，去掉污血的方法。所以，琴纳发明牛痘的启发绝对离不开中国种痘法在外国等地的传播。

第六章

精湛的建筑科技

建筑是时代的一面镜子，它以独特的艺术语言熔铸、反映出一个时代、一个民族的审美追求，建筑艺术在其发展过程中，不断显示出人类所创造的物质精神文明，以其触目的巨大形象而被誉为“凝固的音乐”。中国古代建筑蕴藏着深厚的文化底蕴，烙印着传统的礼仪道德观念，寄托了人类的美好愿望。可以说，我国的古代建筑是我们祖先高超的智慧与才能的创造，如同一曲悠扬绵长，至今还耐人寻味的古曲，震撼着人们的心灵。

第一节 古代著名建筑奇观

伟大创举——长城

《左传》中记载有这样一个故事：公元前656年，齐国举兵攻打楚国，楚国得到这个消息时，齐军已经到了陉，楚成王便派遣大将屈完前去迎敌，两军在召陵相遇。在两军短兵交接之前，屈完在战场上与齐侯遇见。齐侯仗着本国军队势力强大，劝说屈完不动刀枪，直接弃械投降。

屈完便对齐侯说，如果齐军不想与楚军兵戎相见就退回齐国去，如果要想堂堂正正打一仗的话，楚国有方城作为城防，有汉水作为城池，即使不能将齐国打败，也足可自守，楚军绝不会投降。齐侯不以为然，拥军至楚国方城之下，亲眼见到了楚国的防御工事确实严密、坚固，才相信了屈完的话，不得已退兵回国。

这里所说的楚国方城，就是一座带有连绵不断的城墙、较为完整的防御工事，而不仅仅是一座孤城。这种连绵数里的防御工事就是长城的最初形态。这一时期的中国正处于春秋战国时代，周王室衰微，大小诸侯各自拥有强兵，伺机夺取天下。

楚国修筑的坚强防御工事，被处在不断争战中的各诸侯国纷纷效仿，齐、燕、韩、赵、魏、秦几个大的诸侯国，相继在自己的领地上修筑了长城，甚至连一些较小的诸侯国也修筑了一定长度的长城。

现今早已没有楚长城的遗迹，其遗址也尚未确定，所以关于楚长城的位置，只能依据历史文献记载考证。据记载，楚长城西起今天湖北竹山县，跨汉水辗转到河南的邓县，又往北经内乡县，再向东北过鲁山与叶县，后往南达泌阳县，总长近千里。而据《水经注·汝水》中“醴水经叶县故城北，春

秋昭公十五年，许迁于叶者。楚盛周衰，控霸南土，欲争强中国，多筑列城于北方，以逼华夏，故号此城为万城，或作方城”的记载来看，楚长城是由列城发展而来的，所谓列城，就是由许多按照地势高低依次排列的防御性小城构成的。

齐长城的遗迹在今天的山东境内还可以看到，有些地方还留存着城墙的遗址，属于春秋战国时期长城遗址保存最多的一处。结合这些遗址与文献记载来看，齐长城大致是从山东平阴县北起，向东乘山岭经泰安西北，再经莱芜县北、章丘县南、淄川县西南、诸城县南，至胶县南的大朱山东入海。

燕国一共修建了北长城与易水长城这两道长城。易水长城是燕国用来防御齐、赵的。《水经注》载：“易水又东，屈关门城西南，即燕之长城门也……又东，历燕之长城……又东流，屈径长城西……又东，梁门陂水注之，水上承易水于梁门，东入长城……”易水长城大致从河北易县西南，向东南穿过定兴、徐水、文安、任丘，到达文安县东南，长约250千米。

战国时代修筑的最后一道防御性长城，就是指燕北长城，位于上谷、渔阳、辽西、辽东等郡，大概在今天的河北至辽宁一段，长达1500多千米，目前，此长城还有部分遗迹保存。

这些春秋战国时代的长城，都是当时的诸侯国各自分别修筑，互相不连

中国长城

接，最长者不过1500多千米。秦始皇统一中国以后，将各诸侯国所筑长城相互连接起来，并增建了部分区段，这才形成万里长城。秦始皇修筑万里长城，就像他实行的“书同文”、“车同轨”、“行同轮”及统一度量衡等措施一样，是为了更好地巩固中央集权制，维护国家安定，使其统治更加牢固、长久。

秦始皇尽管实现了中原的统一，但北方的匈奴和东胡等少数民族，却经常南下中原掠夺财物，对中原的生产、生活造成了威胁，所以，秦始皇在对匈奴等地发动战争的同时，又修筑长城等防御工事，抵挡外族侵扰，这与当时使用战马、长枪、短刀的冷兵器时代相得益彰，相辅相成。事实表明防御工事具有非常实际的作用，收到了良好的效果。

汉代初年，中原战乱纷呈，匈奴单于趁此时机不断壮大，开始对中原屡屡侵犯。《史记·匈奴列传》记载，单于冒顿甚至“引兵南逾句注，攻太原，至晋阳下”，入侵到了汉朝内部地区，汉高祖刘邦亲自率领大军予以还击。但汉朝刚刚建立，内部也有较多矛盾，不能拿出更多兵力远逐匈奴，所以曾一度采取了和亲的办法。即便如此，匈奴依然多次侵扰中原，掠夺财物。

汉武帝是一位具有雄才大略的君主，据说他治理国家有方，在位期间，政权较稳定，经济也跃上一个新台阶，因此有能力对匈奴予以大力还击。与此同时，也涌现出一大批优秀的官员，如李广、卫青、霍去病等，在抗击匈奴的过程中都取得了巨大的成功，成为一代抗匈奴的名将。

汉武帝在历史上的成绩功不可没，除了派兵将征战外，另一个不可忽视的功绩就是修筑长城防御工事。在收复匈奴侵占的土地后，首先就下令重新修缮加固了秦始皇时期的长城，其后又开始新筑，新筑部分主要是河西走廊的长城。汉长城的规模与秦长城相比更加宏大，同时，还建筑了许多亭障、列城，把长城内外的广大地区有机地结合成一个防御工程体系，坚不可摧。

汉武帝之后的汉昭帝、汉宣帝继续修筑长城，最终使汉长城的长度远达两万里。

汉代之后直到元代，各朝都没有再大规模修筑长城。而明朝则是秦、汉之外，唯一大规模修筑长城的封建王朝。明朝灭了元朝，元朝统治者蒙古贵族逃回了边疆旧地，但这些不甘心失败的贵族仍时不时地南下骚扰。加上东北女真族的兴起，使得明统治者十分重视北方的防御。因此，明朝开始对全国各地的城墙进行修缮加固，全部用砖包砌，长城的修筑工程更为浩大，并在边区、沿海以及内地很多地方，加建城防、关隘。对居庸关、山海关、雁门关等重要关隘，还修建了好几重城墙，有的多达二十几重。

明朝从兴起直到结束，中间从未停止过对于长城的修筑工事。明长城东起鸭绿江，西达嘉峪关，全长 7300 多千米。由于鸭绿江到山海关区段毁坏严重，而山海关至嘉峪关这一大段保存较好，所以我们现在所说的万里长城，主要是指山海关至嘉峪关一段。尽管明长城的长度比不上汉代，但在历史上对后世产生的影响，比起汉代有过之而无不及。明长城是在汉代的基础上修建的，这原本就是一大进步，定会超过前代的工程，而且留存至今的长城几乎都是明朝所修建，因此明长城在历史上扮演着重要的角色。

长城由城墙、敌台、烽火台等部分组合而成，此外，还有与之相关的城障、关塞、隘口等设施。这其中最基本的建筑工程当然就是城墙。

虽然各朝各代修筑的长城城墙都是以坚固为第一要素，但在建筑方法、建筑形式，乃至建筑结构上，存在着各自独特的地方。如用版筑的夯土墙、在山脊上砌的石墙、用石块垒砌的石垛墙、利用险山峻岭随势人工劈凿的劈山墙、利用险山做障壁的山险墙、用柞木编制的木栅墙、用木板做的木板墙，除此之外，在嘉峪关还有利用山崖设木栅的崖栅墙，玉门关的汉代长城城墙，则是用红柳枝与芦苇交叠，再层层铺设砂石而成。

不但不同朝代修筑的城墙有不同的特点，就是同一朝代的城墙也会因具体情况的不同而有所区别。比如说，明代修筑的居庸关八达岭长城，城墙平均高 7 ~ 8 米，但山冈陡峭的地方，城墙不过 3 ~ 5 米，而地势平缓的地方，城墙却高出 8 米。

雄伟壮观的万里长城，是古代重要的军事防御设施，对于当世之人而言，它又是令人震撼的美丽景观。

敦煌石窟

石窟寺源于印度，随佛教东传至敦煌，后又传入中原，出现麦积、炳灵、云冈、龙门、大足等石窟。通常情况下，人们以敦煌、云冈、龙门为中国之三大石窟。

中国佛教石窟和一般的寺庙不仅在形制与功能上有所不同，还在浮雕、塑像、彩画方面给我们留下了十分丰富的资料，在历史上和艺术上都是很宝贵的，主要体现在：

（1）建筑以石洞窟为主，附属之土木构筑很少；

（2）其规模以洞窟多少与面积大小为依凭；

（3）总体平面常依崖壁做带形展开，与一般寺院沿纵深布置不同：

（4）由于建造需开山凿石，故工程量大，费时也长：

（5）除石窟本身以外，在其雕刻、绘画等艺术中还保存了许多我国早期的建筑形象。

敦煌石窟位于甘肃省河西走廊的西端，敦煌市东南25公里的鸣沙山东麓崖壁上，上下五层，南北长约1600米。南枕祁连，襟带西域；前有阳关，后有玉门，不愧为古代丝绸之路的咽喉重地。敦煌石窟包括莫高窟、西千佛洞、安西榆林窟、东千佛洞、水峡口下洞子石窟、肃北五个庙石窟、一个庙石窟、玉门昌马石窟，位于今甘肃省敦煌市、安西县、肃北蒙古族自治县和玉门市境内。因各石窟的艺术风格同属一脉，主要石窟莫高窟位于古敦煌郡，且古代敦煌又为本地区政治、经济、文化中心，所以，统一称为“敦煌石窟”。

敦煌莫高窟古建筑楼阁

敦煌石窟始凿于东晋穆帝永和九年（公元353年），或说是前秦苻坚建元二年（公元366年）。在1600年期间，这里先后开岩凿洞，最盛时，曾有石窟千余，号称千佛崖、千佛洞等。最早一窟由沙门乐傅开凿，称莫高窟（早已无存），后经北凉、北魏、西魏、北周、隋、唐、五代、宋、回鹘、西夏、元等时代连续修凿，历经千年之久；现存北魏至西魏窟22个，隋窟96个，唐窟202个，五代窟31个，北宋窟96个，西夏窟4个，元窟9个，清窟4个，年代不明

的5个等，共计石窟700余个，规模最大；雕塑3000余身，壁画4500余平方米，内容最丰富；唐宋木构窟檐5座。窟内绘、塑佛像及佛典内容，为佛徒修行、观像、礼拜处所。

敦煌艺术是佛教题材的艺术。有历代壁画5万多平方米，彩塑近3千身，内容极为丰富。敦煌石窟艺术是产生和积存在敦煌的多门类艺术综合体，包括敦煌建筑、敦煌壁画以及敦煌彩塑。以莫高窟为中心的敦煌石窟，1987年被联合国教科文组织列入《世界遗产名录》。

敦煌莫高窟主要用壁画和塑像作为艺术表现形式。莫高窟的石窟建筑，由于时代不同，石窟形制呈现不同的特色，主要分为五种：禅窟（僧房）、塔庙窟（中心窟）、殿堂窟、佛坛窟、大佛窟（及涅槃窟）。这些石窟表现在建筑上的价值并不仅仅在于其原本就属于建筑的一个类别，更重要的是在它的雕刻与壁画中反映了我国早期的建筑活动与形象。

敦煌壁画是敦煌艺术的主要构成部分，规模巨大，内容丰富，技艺精湛。5万多平方米的壁画分为佛像画、经变画、民族传统神话题材、供养人画像、装饰图案画、故事画以及山水画。此外，古代房屋施工的场面在敦煌石窟壁画中也有所体现。在敦煌莫高窟中有一幅《五台山图》，表现了五代时期五台山佛教寺院的兴盛场面，但目前在五台山仅仅剩下两座唐代的寺庙殿堂，昔日的兴盛已经荡然无存。

敦煌飞天是印度文化、西域文化和中原文化共同孕育而成，它主要凭借飘曳的衣裙、飞舞的彩带而凌空翱翔的飞天。敦煌飞天是敦煌莫高窟的名片，是敦煌艺术的标志。

云冈石窟的传说

在山西省大同市，有一座著名的佛教造窟杰作，它有着252个窟龛，每一个都精美无比，所建造雕刻的5.1万多个佛教石像更是国宝中的国宝，它就是我国最大的佛教石窟——云冈石窟。

云冈石窟大约修建于公元前5—前6世纪，当时正是我国佛教兴盛的时期。整个石窟规模庞大，布局设计严谨统一，是佛教雕刻、绘画、建筑集于一身的杰出作品。那么，云冈石窟是怎样被发现的?

据说，很多年以前，武周山下有一个云岗村，村子旁边本来有一个小沙丘，可不知道为什么，这个小沙丘越长越大，而且每当到了晚上，这个沙丘

云冈石窟佛雕

里总是传出一些悦耳动听的音乐来，人们都对这一现象疑惑不解。

村子里有一个比较大胆又好奇的少年羊倌，他对这件事情颇感兴趣，于是每天都赶着羊群去那里放羊，而沙丘里的曲子也照常响起，这羊倌就不知不觉学会了。于是他回去找村子里的人来挖，想看看究竟到底有什么东西，可村子里没有一人敢和他一起去，他只好自己动手。

他一连挖了 49 天，可是除了沙子什么也没有，正当他无比郁闷之时，突然听到沙丘下面传出了声音，羊倌就说："叫唤啥，又不出来。"沙丘下又有声音对羊倌说："那就出来吧。"紧接着，一声天崩地裂的巨响，沙丘迸裂开来，红光映红了半边天，里面显出一个巨大寺庙来，而声音就是从寺庙中传出来的，羊倌往里走，发现后面竟然都是石窟，里面矗立着一尊巨大的佛像。周围的百姓听说了，都来参观，后来云冈石窟便从此声名远播了。

这个传说使云冈石窟增加了很多神秘色彩。云冈石窟位于山西大同市的武周山南麓，最早开凿于公元 453 年，是石窟艺术中国化的开始，它是我国五世纪石窟和石像艺术最高水平的体现，与敦煌莫高窟、龙门石窟并称为"中国三大石窟群"，其中莫高窟和龙门石窟在建筑和造像上都或多或少受到

了云冈石窟的影响。

从云冈石窟的建筑上来看，它那瓦顶式建筑风格最为后世所津津乐道，这在第九窟表现最为显著。瓦顶以一斗三升人字棋支撑，屋脊上雕刻鸱尾一对，花纹式三角四只，花纹三角之间和垂脊上各雕刻了一只金翅鸟，两侧垂脊出檐角处各雕飞天。门楼中的雕刻则更复杂。

那么，瓦顶建筑式样的门楼有什么特点呢？首先，作为佛教宗教建筑的巅峰之作，这些华丽的建筑都要为佛教思想服务，所有的东西都是来表现这个主题的。除此之外，云冈石窟中的一些双窟建筑也独具特色。

云冈石窟中最大的一个石窟是第三窟，最前面的断壁高度就达到了 25 米，石窟还分成了前后室，左右两边还有三层的方塔，而后室中的一个佛像高度就达到了 10 米。

云冈石窟整体上建造复杂多变，但细腻精美，整个布局也是严谨统一，继承了秦汉时期的建筑风格，又吸收了犍陀罗艺术的优点，最终创造出了世界上独一无二的云冈石窟建筑风格，给世界建筑行业留下了一笔珍贵的财富。

千年不倒翁：应县木塔

在山西省的应县，有一座举世闻名的佛塔——应县木塔。应县木塔位于应县佛宫寺内，全名是“佛宫寺释迦塔”，整座木塔没有一根铁钉，却屹立近千年而不倒，因此，被人们戏称为“千年不倒翁”。后世很多皇帝都对此塔赞不绝口，明成祖朱棣曾经称它是“峻极神功”，明武宗也曾称赞它为“天下奇观”。这座历经千年的古木佛塔，究竟是由于什么原因千年屹立而不倒呢，它又有怎样的传奇故事呢？

应县木塔

有关传说称，这座非同一般的木塔就是出自我国木匠的祖师爷鲁班之手。当时，鲁班与妹妹一起比赛手艺，鲁班的妹妹也是一个心灵手

巧的人，她自己一夜竟然做成了12双绣花鞋，并且与哥哥鲁班打赌，如果鲁班能在一夜之间建造好一座12层高的木塔，就算鲁班手艺比她好。可谁想，鲁班还真就在一夜之间，建好了一座木塔，可是修好了这座塔放到地上后，土地爷受不了鲁班于是用手一推，去掉了一部分，剩下的这部分木塔就留在了山西应县，也就是今天人们看到的这座充满传奇色彩的应县木塔了。传说仅供读者娱乐。

事实上，应县木塔建于辽清宁二年（1056年）。整个木塔高达67.13米，最底层的直径达到了30.27米，整座塔重量约有7400吨，是一个庞然大物。应县木塔分为三个部分：塔基、塔身、塔刹。整个木塔从外面看是5层，但每一层中间又有一个暗层，因此，这座木塔实为9层。在塔的建造中，没用一根铁钉子，却拥有良好的防震结构，这在古今建筑史上来说都是一个奇迹般地存在。

应县木塔在减震和构造上的设计非常科学，刚柔相济，减震、避险等多方面都进行了合理地规划，有些设计甚至远超现代人的设计。木塔内部在构造上，没有使用钉子进行接合，采用的是构件互相榫卯咬合，区别于其他佛塔的地方是在暗层中间，增加了许多弦向和经向斜撑，这样在结构上就更具硬度，让木塔在面对地震等自然灾害的时候，能够尽可能地减少伤害。区别于普通佛塔地内外相套的八角形，各种梁、枋构成的双层套筒式结构，都增强了塔本身的抗震性。

斗拱结构是应县木塔的另外一个突出特点。斗拱是我国古代建筑的独特设计。应县木塔中，采用各式各样的斗拱多达54种，这在平常建筑中是非常罕见的，因此这里也被称为是“斗拱博物馆”。由于斗拱本身的结构是柔性设计，所以在遇到大的地震之时，塔身就可以自动减缓外界冲击力，从而很好地保护了塔的完整。

应县木塔自建成之后，遭受了无数自然灾害和人为制造的灾害。元朝时期曾发生连续七天的大地震，周围很多建筑物都一一倾塌，唯有应县木塔依然屹立。民国时期，应县木塔也受到战争的影响，曾经中弹200多发，让人惊奇的是，它仍旧傲视人间，可见其设计、建造得多么精良。

神奇的空中寺庙

在我国建筑史上，有一种建筑可谓是“惊心动魄”，它总是选择在被认为最不合适的地方进行建造，尽管历经千百年，但它们依然完好地架在空中，这就是被认为是世界上最危险的建筑——“悬空寺”。

中国比较有名的九座悬空寺：北方有七座，南方有两座。北方的七座分别是山西大同恒山悬空寺、山西宁武小悬空寺、山西广灵小悬空寺、山西神池辘轳窑沟悬空寺、河北苍岩山悬空寺、河南淇县朝阳悬空寺、青海西宁悬空寺。南方的两座是浙江建德大慈岩悬空寺、云南西山悬空寺。悬空寺建筑模式在世界建筑史上都是一朵奇葩，其中颇负盛名的是山西恒山的悬空寺。恒山的悬空寺也是佛、道、儒三合一的罕见寺庙。

悬空寺因所处位置不同，建筑风格也略有区别。陕西浑源悬空寺全部建造在悬崖之上，在寺的底部仅仅看到几根细细的长木柱支撑着，感觉是如此的岌岌可危。而从上往下看，则能直面下方的谷底深渊，使人胆战心惊，而为什么不把这寺庙建在下面，反而要建的如此“心惊胆战”呢？据说，当时这寺庙的下方是交通要道，每天都是人来人往，络绎不绝，为了方便游人能够参拜佛祖，而且又不影响正常的交通，于是将寺庙修建在这悬崖之上；另外一个原因是这里经常发生水灾，50 米之上的寺庙，不容易受到灾害的侵袭，所以就将寺庙修建在了悬崖之上。

江南第一悬空寺

悬空寺是多个宗教元素合一的建筑作品，本名原称作“玄空阁”，而“玄”字主要是体现在道教思想方面，“空”反映在佛教方面，“阁”则体现了寺庙建立的地方，后来又由于建筑本身在悬崖之上，属于悬在空中，所以给它更名为“悬空寺”。

恒山悬空寺的建筑特点尤其突出，主要是为了体现“奇、悬、巧”。悬空寺在选址上就非常奇特，它两边是百丈悬崖，寺庙距离地面有几十米，这都是极为罕见的。细细的木柱支撑着整个寺庙，走在上面还“咯吱”作响，仿佛一不小心就会掉下深渊一样，但事实上，这座经历千年风雨的寺庙却牢固如初。而在建造寺庙的上方则有一块岩石出现，既能起到为寺庙遮风挡雨的效果，另外还能遮挡夏日强烈的日光，即使到了天气最热，太阳最大的时候，这日光也仅能照射寺庙三个小时，这就有利于寺庙千年不毁了。

另外一点是“悬”上。悬空寺从外观上看，下面有一些木柱支撑，其实这只是一小方面，更多起到决定作用的是插入岩石中的横木飞梁，这些横木飞梁都是经桐油浸过的铁杉木做成的，既能防腐，又不怕白蚁咬。除此之外，飞梁的位置也是经过精确计算，每根飞梁的作用都不相同，有的是起到支撑作用，有的是起到平衡作用。

再一点就是“巧”了，在如此危险的地方修建寺庙，如果不巧的话，是无法完成这项工程的，修建悬空寺的过程中 ，将地形等关键因素充分考虑进去，利用岩壁和木结构的寺庙相结合，制造出如此惊险的效果来。暴露在外面的是木质结构的寺庙，而在悬崖里面，还有纵深，也就是石窟，人们沿着道路进入其中，感受到的是悬空寺的另外一番天地。

在山西大同悬空寺栈道旁边的石壁上，刻着四个大字“公输天巧”，这其实就是对悬空寺最好、最准确的概括。

西藏拉萨布达拉宫

布达拉宫在西藏拉萨西北的玛布日山上，是达赖喇嘛行政和居住的宫殿，也是一组最大的藏传佛教寺院建筑群，可以容纳两万余僧众。

布达拉宫始建于公元7世纪松赞干布王时期，是藏王松赞干布为迎娶嫁入西藏的唐朝文成公主而建，后来，这座建筑在兵燹中毁于一旦。清顺治二年（1645年）由五世达赖重建，主要工程历时约50年，以后陆续又有增建，前后达300年之久。布达拉宫不仅独特而且非常神圣，这座既凝结藏族劳动人民智慧又目睹汉藏文化交流的古建筑群，已经以其辉煌的雄姿和藏传佛教圣地的地位绝对地成为藏族的象征。

布达拉宫在拉萨海拔3700多米的红山上依山而建，现占地41万平方米，建筑面积13万平方米，999间房屋，宫体主楼13层，高115米，皆为石木结

拉萨的布达拉宫（西藏）

构。最高佛堂处海拔3767.19米，代表了世界上海拔最高的古建筑群。5座宫顶覆盖镏金铜瓦，金光灿烂，气势雄伟，是藏族古建筑艺术的精华，被誉为“高原圣殿”。

布达拉宫拔地高200余米，外观13层，实际只有9层。由于它起建于山腰，巧妙地利用了山势走向，基石深入到山石之中，石墙与山岩融为一体。宫宇叠砌，迂回曲折，同山体有机地融合，大面积的石壁又屹立如削壁，使建筑仿佛与山冈合为一体，自山脚向上，直至山顶，气势十分雄伟。建筑鳞次栉比，主次分明，重点突出，形成丰富的空间层次，具有韵律感和节奏感。

宫中雕柱林立，长廊交错，色泽浓艳，富丽堂皇，宫殿、寺宇与灵塔融于一体，并吸收汉族及印度、尼泊尔寺庙的建筑特色，形成独具一格的藏族建筑风格。在总平面上没有使用中轴线和对称布局，但却在体量上、位置上和色彩上强调红宫与其他建筑的鲜明对比，仍然达到了重点突出、主次分明的效果。在建筑形式上，布达拉宫不仅使用了许多来自汉族建筑的风格形式，又保留了藏族建筑的许多传统手法（门、窗、脊饰等）。

宫殿的设计和建造根据高原地区阳光照射的规律，墙基宽而坚固，墙基下面建造着四通八达的地道和通风口。屋内有柱、斗拱、雀替、梁、椽木等组成撑架。藏族先民用一种名为“阿尔嘎”的硬土铺地与盖屋顶，各大厅和寝室的顶部都有天窗，方便采光，调节空气。宫内到处是各种雕刻的柱梁，墙壁上的彩色壁画面积有2500多平方米。大殿内的壁画既有西藏佛教发展历史，又有五世达赖的生平和文成公主进藏的过程，还有西藏古建筑形象和大量佛像金刚等。

在半山腰上，有一处约1600平方米的平台，名为“德阳厦”。由此扶梯而上经过松格廓廊道，便到了白宫最大的宫殿——东大殿。有史料记载，自1653年清朝顺治皇帝以金册金印敕封五世达赖起，达赖转世都必须得到中央政府的正式册封，并由驻藏大臣为其主持坐床、亲政等仪式。此处就是历代达赖举行坐床、亲政大典等重大宗教、政治活动的场所。

红宫是达赖的灵塔殿及各类佛堂，共有灵塔8座，其中五世达赖的是第一座，也是最大的一座。据记载，仅镶包这一灵塔所用的黄金就高达11.9万两，并且经过处理的达赖遗体就保存在塔体内。西大殿是五世达赖灵塔殿的享堂，它是红宫内最大的宫殿。殿内除乾隆御赐“涌莲初地”匾额外，还保存有康熙皇帝所赐大型锦绣幔帐一对，现成为布达拉宫内的稀世珍品。

伊斯兰教建筑

伊斯兰教起源于国外，这点与佛教相同。伊斯兰教起源于阿拉伯半岛，相传是穆罕默德（公元570—632年）得到真主安拉的启示后创立的一种宗教。而伊斯兰教历，其元年之始就是穆罕默德迁到麦地那的时间，即公元622年。

从伊斯兰教起源的时间来看，它比印度的佛教和中国的道教要晚很多，但它有十分迅速的发展趋势，由阿拉伯半岛逐渐向外传播，最终形成地跨欧、亚、非三大洲的世界性宗教，与佛教、基督教并称“世界三大宗教”。伊斯兰教大约在唐朝时传入中国，其后在中国的回族、维吾尔族、哈萨克族等少数民族中发展，并成为这些少数民族信仰的宗教。

随着伊斯兰教的传播与发展，其建筑也获得了空前发展，这包括清真寺、宫殿、陵墓甚至学校等，其建筑艺术独具一格。在这些建筑中，特别突出的就是清真寺。清真寺又称“礼拜寺”，是阿拉伯语masjid的意译，意为“叩拜的场所”。

1. 西安大清真寺

西安大清真寺就是一座著名的伊斯兰教寺院。它地处古城西安钟鼓楼广场的西面，回民居住区内。

据寺内的碑石记载，寺院创建于唐代玄宗天宝元年（公元742年）。其后，经过各朝各代的不断修缮与扩建，逐渐形成规模壮阔、气象雄伟的古建筑群，占地面积1.3万多平方米。寺院平面呈长方形，东西布局，由四进院落组成。主体建筑包括五间楼、省心楼、凤凰亭、礼拜大殿等。

第一进院落内耸立一座三间四柱的大木牌坊，飞檐下斗拱重叠而楼顶覆盖琉璃，光彩熠熠。六间厢房平均设置在牌坊的两侧。院落后就是单檐歇山顶的五间楼，面阔即为五开间，中央开间前后辟门。事实上，所谓的五间楼，就是连接前后院落的过厅美称。五间楼前左右各有一个攒尖顶小亭，掩映在绿树、花丛中，俊雅灵妙。

第二进院落中央也立有三间四柱牌坊一座，不过，这是一座石制牌坊，并且，它在装饰上相比前院木牌坊更加简洁。坊楣上刻有“天监在兹”“虔诚省礼”“钦翼昭事”等字样。牌坊下围有石雕栏杆，东西留有踏道。牌坊左右各有一通冲天雕龙碑，分别刻有米芾和董其昌所书碑名，是书法艺术中的珍品。

第二进院落与第三进院落之间，有一座殿宇叫作敕修殿，是西安大清真寺中建筑最早的一座殿。殿内有曾经担任这座寺院教长的“小西宁”撰写的阿拉伯文碑一通，因为碑文内容是计算伊斯兰教斋月的方法，所以称为“月碑”。这座碑对了解陕西伊斯兰教的发展有重要的意义与价值。

通过敕修殿后，第三进院落的美景便一览无余。院落正中矗立着一座二层三檐的八角攒尖顶楼阁，名为“省心楼”。省心楼巍然耸立，是清真寺的最高点。楼两侧是宫殿和讲经堂，经堂内珍藏着明代手抄本《古兰经》。

最后一进院落内建筑相对多一些。前有集牌楼与亭阁于一体的一真亭，由中间的六角亭和两侧的三角亭组成，均为攒尖顶。三亭相连而檐角飞翘，状如凤凰翅，因而又名为“凤凰亭”。亭两侧各有厢房七间。亭后不远，即见

清真寺

广阔的月台，台上矗立着宏伟的礼拜大殿。

这座礼拜大殿面阔七开间，单檐歇山顶，全部由蓝色琉璃瓦覆盖。殿前带廊，廊下立八柱，中央四柱上悬有两副对联。殿内藻井极为特别，彩绘蔓草纹套刻着600多幅经文，而四周则镶嵌着大型木版雕刻中文和阿拉伯文的《古兰经》各30幅。这些巨型《古兰经》雕刻在如今看来是尤其珍贵的。这座大殿的内部空间非常大，可同时容纳1000多人做礼拜。

西安属于汉族聚居地，尽管这座大清真寺为回族人民所建的伊斯兰教建筑，但仍然具有明显的汉族传统建筑特点。而在新疆等少数民族聚居地，其伊斯兰教清真寺就非常贴合当地建筑特色，如位于新疆喀什市中心的艾提尕尔清真寺。

2. 新疆的艾提尕尔清真寺

距今已有500多年历史的艾提尕尔清真寺建筑有雄伟壮阔的气势与绚丽多姿的色彩，是我国古代维吾尔族人民创建的历史瑰宝之一。

据文献记载，早期的艾提尕尔清真寺的规模并不像今天这么大。这里原来是一片坟地，曾埋葬当时的喀什王及其亲属，还埋葬有察合台（成吉思汗次子，其封地在西辽旧地，后称察合台汗国）的后裔和当时的一些达官贵人。而这里的清真寺当时只是一座名不见经传的小寺，它是由喀什王沙克色孜·米尔扎的后裔于1442年左右所建。1537年前后，当时的统治者又将它扩建。

不过，据说真正奠定艾提尕尔清真大寺基础的，是18世纪后期的一个贵妇，是她的大笔遗产促进了清真寺的最终落成，即艾提尕尔清真寺的前身。但今天的规模，却又是经过18世纪以后的多次修建和扩展而成。

艾提尕尔清真寺现在的总面积约1.68万平方米，是中国现存最大的伊斯兰教礼拜寺，不论是伊斯兰教节日还是平日，穆斯林（伊斯兰教信徒）都在这里举行宗教活动。寺内有礼拜堂、教经堂、门楼、塔及一些附属建筑。加上庭院内的花草树木，这座大清真寺不但成为当地宗教的活动中心，也成了喀什城的一处风景名胜。

艾提尕尔清真寺坐西朝东，大门开在东南角，是一座方形门楼的形式，高12米，砖石砌筑。门楼中下部为尖拱形大龛，龛内中下部是凹进去的矩形大门，高近5米，门板为浅蓝色。浅蓝色的门板与上部土黄色的门楼相辅相

成，显得古朴雅致。

门楼的两侧，两座高约18米的宣礼塔由院墙相连接。两塔顶部都有穹隆顶的小亭，质朴自然。一弯新月形装饰静静矗立在小亭的顶尖，象征着伊斯兰教。门楼左侧的院墙短，塔近，而塔身较粗壮；门右侧的院墙长，墙上还嵌有两个尖拱龛，塔远，且塔较左侧塔为纤细。从正立面看，就形成了以门为中心不对称而又均衡的构图，显得稳重而有美感。

门楼后即为院落，礼拜殿在院落内的西侧，坐西向东，分为外殿、内殿两部分。外殿形体很长，并且向前完全敞开，顶部采用的是当地具有悠久历史的木柱密梁平顶结构。内殿三面被外殿包围，只有一面在外殿包围之外。内殿前墙正中开有门洞，门上装饰有精美的石膏几何花纹。

教经堂是学习的场所，里面有供400名学生居住和学习的96个房间。同时，还建有可容纳百人的大型蒸汽浴室、供400人取暖的暖室、人工水池等附属建筑。真称得上是集学习、住宿、日用设施于一体的绝佳场所。

现在，艾提尕尔清真寺的宗教活动依然频繁，尤其是在内孜节和古尔邦节这两大伊斯兰教节日里，更是鼓乐喧天，热闹非常。同时，这座古老的建筑也引起了广大游人的兴趣。

除了西安大清真寺和喀什艾提尕尔清真寺外，还有很多著名的清真寺建筑，如新疆吐鲁番苏公塔礼拜寺、北京牛街礼拜寺、福建泉州的艾苏哈卜清真寺等。

高超的建桥技术

我国拥有悠久的桥梁建筑历史，而在这漫长的历史潮流中，桥主要有两大类，一是拱桥，二是梁桥。

拱桥是指一种桥洞呈半圆形或圆形的桥。拱桥至迟在汉代就已经出现，汉代的画像砖上就刻有一些拱桥的图形。

1. 巧夺天工的赵州桥

赵州桥本名“安济桥”，所谓赵州桥，只不过是当地百姓对它的一种爱称。赵州桥于隋文帝开皇十五年（公元595年）开始兴建，隋炀帝大业元年（公元605年）建成。它横跨在赵州（今河北赵县）城南的洨河上，全长

50.82 米，拱券净跨 37.37 米，桥面宽 9 米，是一座单孔坦拱式拱桥，也是我国现存时间最为悠久的大型石拱桥。赵州桥是由著名工匠李春设计和主持建造的。李春在拱桥建造工艺方面，进行过两项重大的革新。

第一项是首创坦拱式拱桥。之前的拱桥多采用半圆形拱式设计，大都建在河道比较狭窄的地方。汶河两岸地势坦平，水面又较宽，如采用半圆拱，桥面最高处要高出地面一二十米，形成陡坡，如此一来，车辆通行极为困难，就是人马行走也极为不便。李春把半圆拱改为圆弧拱，拱圈矢高只有 7.23 米，与拱跨度比约为 1∶5，成为坦拱桥，大大方便了人马车辆的通行。

第二项是首创敞肩拱。以前拱桥的两肩都是实肩，李春在桥肩处各建两个小拱，使成敞肩拱结构。这种敞肩拱桥形在世界范围内都是最早的。敞肩拱结构可减轻主拱桥的承重变形，提高桥梁的承载力和稳定性，同时又节省材料，减轻桥身的重量，便也减小了桥身对桥基的压力，汛期还可起分泄洪水的作用。

为了增加桥梁的稳固性，在桥台和桥脚的连接处、主桥上、拱石间以及拱背上，都用铁件联结加固，拱石间又灌注了生铁（这种工艺叫“冶金固隙”），使全桥构成一个整体。

赵州桥结构合理，外形秀丽，有着“奇巧固护，甲于天下”（隆庆《赵州志·安济桥》）的美称。它建成之后，成为北通涿郡（今北京西南），南通东都洛阳的交通要冲。“坦平箭直千人过，驿使驰驱万国通”（隆庆《赵州志》引宋·杜德源《安济桥诗》），正是当时盛景的真实写照。

2. 安济众的泉州洛阳桥

我国的梁桥历史比拱桥悠久，它发端于新石器时代，以后历代都有发展，许许多多著名桥梁在中国大地上横陈。到了宋代，我国的梁桥建造进入了一个崭新的发展时期，建造了一批大型的石梁桥，并把建桥技术提高到一个新的水平。

最早建造的大型石梁桥是福建泉州洛阳桥。它始建于皇祐五年四月（1053 年 5 月），嘉祐四年十二月（1059 年 1 月）建成，这是一座由蔡襄主持建造的桥梁。

洛阳桥建在泉州城东 20 里的洛阳江入海口处。这里水面开阔，“西有滚滚万壑流波之倾注，东有渹灏澎湃潮汐之奔驰”（《泉州府志·洛阳桥》），水

泉州洛阳桥

势非常险恶。在洛阳桥建成之前，人们主要靠渡船通向两岸，然而，渡船被水浪打翻的事故时有发生。为了祈求过渡平安，便取名“万安渡”，所以桥建成后亦命名万安桥，洛阳桥则是其俗称。洛阳桥在建桥技术工艺上有如下几方面的创新。

（1）首创筏形基础。由于水势险恶，桥基无法采用传统的打桩工艺，因而另辟蹊径，创造了新的奠基工艺。即利用落潮的时间，沿预定桥梁线路及其周围，用船装载大石块抛入水底，桥基就是这些石块形成的水底石堤。据考察，洛阳桥的桥基长500余米，宽约25米。这是桥梁技术史上的一项重大创新，开创了现代桥梁建造中筏形基础的先例。

（2）应用和发展尖劈形桥墩。尖劈形桥墩出现于唐代，筑于迎着水流方向的一端。洛阳桥则把桥墩两端都筑成尖劈形，以分开江流和潮汐的冲击力，达到维护桥墩的目的。

（3）利用潮汐的涨落浮运和架设石梁。洛阳桥面的大石梁重达数十吨，要把这样重的大石梁在水面上悬空架设，这在古代没有大型起重设备的条件下，几乎是非常艰难的任务。洛阳桥却巧妙地解决了这一难题。利用潮汐的水面落差，在涨潮时用船把石梁载至两个桥墩之间，并固定在要安放的位置上方，落潮时石梁便自动架设在预定位置上，顺利完成了桥面的架设作业。

（4）利用牡蛎胶固桥墩。要把桥墩上的石块联结在一起，这在没有速凝水泥的古代几乎是很难办到的。但洛阳桥在建造时却巧妙地利用牡蛎的生长特性，奇迹般地解决了这一难题。牡蛎又名蚝，俗称“海蛎子”，是一种介壳海生动物。它附着于其他物体而生长和繁殖，石灰质外壳也随着生长和繁殖而连绵成片，与附着物牢固地胶结成一体。洛阳桥建造时，就利用这一特性，在桥墩上养殖牡蛎，以便把桥墩上的石块胶结在一起，形成牢固的整体，防止被冲散，提高了桥墩的坚固性和耐久性。这一发明，堪称是一项杰出的科学创造。

洛阳桥长834米，桥墩46个，整座桥梁的构成材料全部是产自当地的花岗石。“飞梁遥跨海西东”，气势磅礴，雄伟壮观。它落成后，成为泉州与内地的交通要道。从此以后，人们去舟而徒，易危为安，所以有“万安济众”之誉。

在洛阳桥建成的影响下，福建，特别是闽南地区掀起了一股建桥的热潮，先后建造数十座大中型石梁桥。其中，有号称“天下无桥长此桥”的安平桥，俗称“五里桥”，在晋江县安海镇，长达2000多米，是古代最长的石梁桥。

明清紫禁城

北京紫禁城是明清两朝的宫城，如今通称“北京故宫”。明永乐十五年（1417年）始建，永乐十八年（1420年）建成。北京故宫是以明南京宫殿为蓝本，“规制悉如南京，而高敞壮丽过之”。现有建筑多经清代重建、增建，不过，总体布局上还是具备明朝的建筑格局。

紫禁城地处北京内城中心，南北长961米，东西宽753米，占地72万平方米；城墙高10米，四周环绕宽52米、深6米的护城河；每面辟一门，南面

紫禁城

正门为午门，北面后门为神武门（明称“玄武门”），东西两侧为东华门、西华门；城墙四角各有一座角楼。角楼采用曲尺形平面，上覆三重檐歇山十字脊折角组合屋顶，以丰美多姿的形象，与紫禁城墙的敦实壮观形成强烈的对比。紫禁城建筑在整体布局上分为两大区，即外朝和内廷。外朝在前部，是举行典礼、处理朝政、颁布政令、召见大臣、进讲经筵的场所，以居于主轴的太和、中和、保和三大殿为主体，东西两侧对称地布置文华殿、武英殿两组建筑，作为三大殿的左辅右弼。内廷在后部，是皇帝及其家族居住的“寝”，分中、东、西三路。中路沿主轴线布置正宫，依次建乾清宫、交泰殿、坤宁宫，通称“后三宫”，最后为御花园。东西两路对称地布置东六宫、西六宫作为嫔妃住所。东、西六宫的后部，对称地安排乾东五所和乾西五所十组三进院，原来是作为皇子居住的地方。东六宫前方建奉先殿（设在宫内的皇帝家庙）、斋宫（皇帝祭天祀地前的斋戒之所）。西六宫前方建养心殿。从清朝雍正皇帝开始，养心殿已经成为皇帝日常处理朝政及居住的地方。西路以西，建有慈宁宫、寿安宫、寿康宫和慈宁宫花园、建福宫花园、英华殿佛堂等，供太后、太妃起居、礼佛，这些建筑构成了内廷的外西路。东路以东，在乾隆年间扩建了一组宁寿宫，作为乾隆退居政坛后的太上皇宫。这组建筑由宫墙围合成完整的独立组群，它的布局仿照前朝、内廷模式，分为前后两部。前部以皇极殿、宁寿宫为主体，前方有九龙壁、皇极门、宁寿门铺垫。后部也像内廷那样分为中、东、西三路：中路设养性殿、乐寿堂、颐和轩等供起居的殿屋；东路设畅观阁戏楼、庆寿堂四进院和景福宫；西路是宁寿宫花园，俗称“乾隆花园”。这组相对独立的“宫中宫”，构成了内廷的外东路。在它的南面还设置了三组并列的三进院，是供皇子居住的南三所。除这些主要殿屋外，紫禁城内还散布着一系列值房、朝房、库房、膳房等辅助性建筑，共同构成这座规模庞大、功能齐备、布局井然的宫城。

在设计构思上，紫禁城突出地创造了一条贯穿南北的纵深主轴。这条主轴线和北京城内的主轴线完全重合。宫城轴线大大强化了都城轴线的分量，并构成都城轴线的主体；都城轴线反过来也大大突出了宫城的显赫地位，成为宫城轴线的延伸和烘托。紫禁城的轴线前方起点可以往前推到大清门，后方终点可以向后延伸到景山。在这条主轴线上，紫禁城以午门门庭、太和门门庭、太和殿殿庭、乾清门门庭、乾清宫殿庭和太和、中和、保和三大殿建筑，乾清、交泰、坤宁后三宫建筑，组织了严谨的、庄重的、脉络清晰、主次分明、高低起伏、纵横交织的空间序列，充分发挥出帝王宫殿的磅礴气势。

在贯穿封建礼制、伦理纲常上，紫禁城明确地彰显了“择中立宫”的意识和“前朝后寝”的规制。对于历代宫殿遵循的“五门三朝”周礼古制，也有所体现。它以天安门、端门、午门、太和门、乾清门表征“五门”的皋门、库门、雉门、应门、路门；以太和、中和、保和三大殿表征“三朝”的外朝、常朝、燕朝。在大体上来说，历史文脉以象征的方式得以延续。紫禁城还通过建筑的数量、方位、命名和用色等，尽可能地附会阴阳五行的象征和风水堪舆的禁忌。如前朝位于南部属阳，主殿三大殿用奇数；后廷位于北部属阴，主殿原本只用两宫，属偶数。东西六宫之和为二十，也是偶数。作为皇子居所的乾东西五所，用了奇数五，寓意“五子登科”，合在一起为十，同样符合偶数。阴阳象征还进一步划分为阳中之阳、阳中之阴、阴中之阳、阴中之阴。后廷主轴上后来增建了交泰殿，成了奇数，就可以把后三宫作为“阴中之阳”来解释。紫禁城在体现伦理五行上可以说是非常执着的，但在具体用法上却是非但不拘泥，反而灵活多变，妥帖地取得象征语义与功能要求、艺术效果的和谐统一。

紫禁城在组合空间布局方面同样严格遵循着平面模数关系。据傅熹年的研究，紫禁城的后两宫宫院（即后来的后三宫宫院）宽 118 米，长 218 米，这个尺寸在宫城规划中有明显的模数意义。前三殿宫院加上乾清门门院的占地面积刚好是后两宫宫院的 4 倍；东西六宫加上东西五所的占地面积，也与后两宫宫院尺度很接近。触目的前三殿工字形大台基，其宽度与长度的比例为5∶9，显然隐喻着“王者居九五富贵之位”的意义。紫禁城中许多重要尺寸的选定，都存在着类似的缜密用心。

北京紫禁城是中国封建王朝最后一座宫城，它以高度程式化的定型建筑单体，通过匠心独运的规划布局，充分满足了皇家复杂的功能要求，森严的门禁戒卫，繁缛的礼制规范，严密的等级制度和一整套阴阳五行、风水八卦的需要，充分表现出帝王至尊、江山永固的主题思想，创造出巍峨壮观、富丽堂皇的组群空间和建筑形象，堪称中国古代大型组群布局的巅峰之作。

知识链接

繁华的唐长安城

公元618年，李渊起兵灭隋，建立大唐。唐代以隋朝都城大兴作为政治权力中心，但改名“长安”，即历史上著名的唐长安。唐长安的基本格局与隋大兴一样，其城市总体特征是中轴线对称布局，以正对宫城大门承天门、皇城大门朱雀门，直至南城中门明德门的朱雀大街为中轴线，城门位置道路的格局及东市、西市的位置等，都是严格对称的。城内的道路呈方格网形式，南北大街11条，东西大街14条。道路等级分明，层次清楚，主干道为直达城门的那条大街，其他则为次级道路，最后则是通达诸街坊内的小路。道路最宽的达180米。唐长安城内的居住区为街坊形式，是封闭式的坊里制。如此布置便于管理，对社会治安有益。

第二节 古代著名建筑师

姬旦与弥牟

出生于前11世纪的姬旦，是周文王（姬昌）的第四子。他协助二哥姬发（周武王）推翻了商王朝。武王去世后，他成为辅佐13岁成王的摄政王，平定了管、蔡等的叛乱，安置了殷商的遗民，建立了分封制的政治制度、井田

制的经济制度以及以礼乐为中心的文化制度，为周王朝长达700年的封建统治奠定了夯实的基础。他的忠心堪比日月，一生致力于辅佐成王，并在成王20岁的时候将周王朝的所有政治大权交给了他。在中国历史上，他是少有的一位得到后世一致称颂的政治家，被人们尊称为“周公”。

周公庙周公姬旦雕像

周公在营造洛邑时任用了一位名叫弥牟的建筑师（工程师）。他的任务是“计丈数，揣高卑，度厚薄，仞沟洫，物土方，议远迩，量事期，计徒庸，虑材用，书糇粮……”，并编写手册“以令役于诸侯”。这些都是建造一座城市及其建筑不可缺少的工作，但是都属于技术性的工作，按照当今的实践标准，他属于建造师（施工工程师）一类。至于“新帝都的全部基本设计，最终负有责任的权威是周公”。关于弥牟的生平，历史上找不到此人的任何记载。

周公旦营造洛邑（在今日洛阳附近）是有远大战略目标的。周人原来的根据地在今日西安附近的丰镐。在殷商王朝时期，它偏踞一角，易攻易守，但是一旦成立中央政权，就显得偏僻。洛水以北的新都（据说这个城址是武王在世时就与周公共同看好的），处于当时全国的心脏地带，“此天下之中，四方人贡道里均”，有利于实施中央政权的权力。

周公旦在策划洛邑时，还有一个大胆的构想：他把新的首都和殷遗民的定居地共同规划，分别布置在瀍水两岸。如此安排，不仅方便控制管理好前朝遗民，而且丰富了文化交流。当然，从政治风险角度而言，他用高大的城墙把新都包围起来，既可做防卫用，也可提高都城的雄伟性和威望。

从考古发现挖掘的遗址来看，洛邑的城市规划与西汉时期被发现并被添加到《周礼》中的《考工记》一书中“匠人营国”一节中描述的都城规划非常一致，因此，人们可以把它视为洛邑规划的实录。

《考工记》中写道："匠人（当时'匠人'泛指从规划设计到营造者）营国（这里的"国"指的是都城），方九里，旁三门。国中九经九纬，经途九轨（一轨为八尺宽）。左祖（指祖庙）右社（指社稷坛），面朝（外朝）后市（市场）。市朝一夫（一夫约100亩地）。"

如此，我们已经无从知道洛邑城内具体的建筑形貌，但是从记录中，我们知道周公为成王建造了一座会见诸侯的"明堂"："它盖以圆形屋顶，只用柱子支撑，所有的边都是开敞的……"在成王的坚持下，周公被任命来代替主持接见仪式。"周公坐上明堂他自己的位置，他站上高一层的台阶，背靠一个特别设计装饰的象征皇帝权力的屏风……诸侯和首领们一个接一个地走上前去，登上台阶，按他的等级和资历表示敬意，并献上他官职的徽章……在履行这些礼节之后，诸侯们按等级站到东西南北的台阶之外。"

钱穆先生有一段话形容这座城市及其建筑。

"这城的规模相当伟大，瀍水西边的王城方1720丈，东边的城稍小些；郛郭方70里，把两个城围在一块，南靠洛水，北困郏山：在王城南郊设'丘兆'，祭祀上帝，以后稷配享，日、月、星、辰和先王陪位。又在城内立大社，祭土谷神。神坛是用五色土筑成的：东边青土，南边红土，西边白土，北边黑土，中央黄土。封诸侯的时候，诸侯就其所在的方位，凿一块土，放在他自己国内的社上。在城内而且有五所大建筑（五宫）：太庙是祭祖先的庙，宗宫是专为文王立的庙，考宫是专为武王立的庙，路寝是王的住处，明堂是发布命令的办公处、朝会诸侯的大礼堂；这几处都很讲究。筑成以后，把商朝的祭器、受到大命的象征物——九鼎迁到王城，正式为天下政治的中心。在那里占卜周朝的命运，周朝可以传30世，700年。"

然而，这座专门为成王掌权所建的都城，却不被成王所喜爱，成王依旧居住在祖先建造的镐京（称为"宗周"），而把新都（称为"成周"）交给周公管理，这种情况一直持续到成王真正掌权为止。

洛邑的建筑没有遗存，但是我们从陕西凤雏发现的西周遗址可以看到，当时已经存在有土木构筑四合院的居住模式，可以想象当时洛邑的宫廷和居住建筑也是以中国传统的庭院式的土木构筑为主体建筑的。

我们把西周时期的土木建筑与历史记载的商朝末代国王帝辛（纣）所修造的宫廷建筑——鹿台做一比较，可以发现一些启示。据钱穆先生形容：（帝辛）为他的宠妃，在殷的南边邻近朝歌的地方，修建一座更好的宫殿，他称为"鹿台"。一些厅堂和内室都用宝石，宫门都用大理石建造。这座宫

殿面积大约是2000平方米，从地面到屋顶高度超过千尺。远望像座小山。花了7年才完成。因为这项开支，帝辛在全帝国征集新的贡物，并增加了谷物的征收。他还广泛地搜寻狗马和美丽珍稀的物品来充实这座宫殿，使妲己高兴。（据《封神演义》，鹿台的设计者是妲己，营造师叫崇侯虎。——笔者注）

在牧野之战中，帝辛被打败，他逃回鹿台"蒙衣其珠玉，自燔于火而死"。妲己以及其他帝辛的宠姬相继自杀身亡。自从鹿台被大火烧毁后，石造宫殿便被视为不吉场所。

能工巧匠：鲁班

在河北蓟州城里，有鲁班庙（据罗哲文先生称，这是国内唯一独立供奉鲁班的庙），里面供奉的是公元前5世纪鲁国的公输般。因为"般"与"班"同音，因此认定公输般就是传说中的鲁班。据介绍，公输般发明过攻城的云梯，也发明过滑翔机。这些都曾作为战争工具在历史上出现过。

据民间传说，鲁班是春秋时期人，是中国木匠的祖师，他发明了木工用的锯子、墨斗，还发明了纸伞。因此，就因为是鲁国人，而且"班"与"般"同音，就把鲁班等同于公输般，似乎缺乏依据，何况公输般与传说中的鲁班在专业和事迹上也不一致。值得注意的是，朱启钤先生所编的《哲匠录》中并没有鲁班之名。

根据大多数人的体会，鲁班是中国千千万万个无名匠师的总代表，是一个虚拟人物，至多是人们对公输般这个真实人物进行"周延"而演绎出来的人物。

实际上，鲁班是中国民间"英雄崇拜"的一个对象，就像诸葛亮代表智慧、关羽代表义气、观音代表慈祥一样，鲁班则代表了技艺。他和希腊神话中的代达罗斯一样，是一个传说中的人物，一个被理想化的英雄和崇拜对象，他的身上集中体现了我国民间工匠的全部智慧：规矩（木工使用的曲尺——也叫"矩"，又名"鲁班尺"）、墨斗、锯、钻、刨、凿子、铲子等木工工具都是他的发明。他的母亲和妻子都是发明家，"弹墨线用的小钩被称为'班母'，刨木料时顶住木头的卡口叫作'班妻'"。明朝人编的木工手册也取名为《鲁班经》。

只要是人们遭遇很难解决的复杂工程问题时，无论哪朝哪代，鲁班爷就

会出现指点迷津。

世界闻名的河北赵州安济桥，大家都知道是隋朝的李春建造的，但是民间也有传说是我们不朽的鲁班爷的作品。传说称他在一夜间造起了这座桥，惊动了八仙之一张果老，于是张果老倒骑毛驴，褡裢里装着日月，与柴王爷推着满载五岳名山的独轮车一齐登上了桥。严重的超载使桥身摇摇欲坠，鲁班爷赶快跑到桥下，举臂托起了桥身。据说现在桥上还有车道沟和柴王爷的膝盖印。

明成祖朱棣迁都北京，营造紫禁城时，一夜梦见仙楼，有天仙老人告诉他，“此楼乃九梁十八柱七十二脊”。次日即命工部在城角按照梦中仙人所示的图纸建造，难倒了建造工匠。工匠无法交差，决定集体自杀。此时鲁班爷以卖蝈蝈老人的形象出现，手提一蝈蝈笼子，恰好是角楼的模型。工匠得以完成任务，北京人自此有了这样的“仙楼”。

在山西解州（关羽的故乡）的关帝庙，可以看到在一栋被称为“崇宁楼”的建筑周边有26根石柱，传说中，在施工时，当人们无法竖起这些比埃及金字塔所用的方石块还要重的柱子时，鲁班就以一个疯老头形象出现在工地，指导工人用填沙袋的办法竖起了这些柱子。

此外，我们日常用的石磨、箱子上的锁和钥匙，甚至还有能飞的木鸟、能跑的木车马等器械，据说全部是鲁班的创造发明。时至今日，远在云南的乡村，人们还把他的生日（每年农历四月初二）定为鲁班节来进行庆祝。

萧何与未央宫

萧何（？—公元前193年），西汉初年政治家。徐州小沛（今江苏沛县）人。早年任秦沛县狱吏。秦末辅助刘邦起义。攻克咸阳后，别人忙着抢夺金银财宝，他却赶紧去接收秦丞相、御史府所藏的律令、图书等，从而掌握了全国的山川险要、郡县户口等资料，对日后为刘邦制定政策和取得楚汉战争胜利起了关键作用。刘邦在做汉王的时候，就将丞相之位赐给萧何担当，萧何推荐韩信为大将军。楚汉战争时，他留守关中，教导太子，制定法令，使关中成为汉军的巩固后方，并不断输送士卒粮饷支援作战，刘邦战胜项羽建立汉王朝，离不开萧何的支持与默默奉献。战争结束后，刘邦论功行赏时，把萧何列为第一功臣，封他为侯。萧何采摭秦法，重新制定律令制度，作《九章律》，又协助刘邦消灭韩信、英布等异姓诸侯王，被拜为相国。刘邦死

后，他辅佐惠帝，惠帝二年卒。

上面这段介绍，简明扼要地叙说了他生平的大部分主要事迹，但没有提到他在建设首都长安城和其宫殿中所起到的作用，事实上，此项工程是他的重要业绩之一，对汉建筑文化起了奠基作用。

萧何雕像

“汉初三杰”——萧何、张良、韩信，辅助刘邦打败了项羽，赢得了政权后，张良“急流勇退”，退出了政治舞台。韩信封侯不久，就被刘邦借吕后之手除掉，唯独萧何在丞相高位上善始善终。在此期间，刘邦也曾因他功高盖王而对他表现出不信任的态度。甚至有一次因为萧何请刘邦让农民进上林苑空地耕种，触犯了刘邦，“乃下何廷尉，械系之”。即使如此，每次萧何都机智地消除了刘邦的猜疑，继续得到重用。据《汉书》记载，他在留守汉中期内，“立宗庙、社稷、宫室……”刘邦允许他先行后奏，说明对其的信任，而萧何也利用这点“小自由”来实现自己的建国方略，包括新首都长安的建设。

萧何重视收集秦政府的档案文件，说明他心目中的理想政权，显然是以秦为模板的。还可以设想，在萧何收集的“律令图书”中，也包括了秦“写放”六国宫室和建造皇宫的资料。

最初建立汉王朝时，刘邦的根据地是秦都咸阳附近的栎阳。为长治久安，根据张良的建议，刘邦决定建都关中地区，他选择了位于周丰镐和秦咸阳之间、渭水南岸的龙首原为未来首都的位置。

由于战争并未完全结束，长安的建设只能采用先宫殿后城市的模式缓缓开展着。在萧何的主持下，汉高祖五年（公元前202年），先改建秦燕乐宫为长乐宫，七年（公元前200年）加以修饰利用。据《三辅黄图》称：“长乐宫有鸿台，有临华殿（又说是武帝建），有温室殿。有长定、长秋、永寿、永

宁四殿，高帝居此宫，后太后常居之。”其中，“鸿台，秦始皇二十七年筑，高四十丈（92 米），上起观宇，帝尝射飞鸿于其上……”

汉高祖七年，萧何趁刘邦外出之际，在长乐宫的西南又建造了未央宫。《西京杂记》称：“未央宫周围二十二里九十步五尺（约 8800 米），街道周围七十里。台殿四十三，其三十二在外，十一在后，宫池十三，山六，池一，山一亦在后，宫门阙凡九十五”，其中，最宏伟的是前殿，它“利用龙首山的丘陵为殿基……台基南北长 350 米，东西 165 米……由南向北分为三层台基……中间台基上的主体建筑……是前殿的中心建筑物……东西 130 米，南北 70 米……”加上殿前的北阙和东阙，可以想象其是怎样一幅雄伟壮观的景象。

《汉书》中有段传世的佳话：“高祖七年，萧何造未央宫，立东阙、北阙、前殿、武库、太仓。上见其壮丽太甚，怒曰：天下匈匈苦数岁，成败未可知，是何治宫室过度也。何对曰：以天下未定，故可因以就宫室，且天子以四海为家，非令壮丽无以重威，勿令后世有以加也。上悦，自栎阳徙居焉。”

从以上对话可知，萧何是长乐宫和未央宫的总策划（建筑）师，他在皇帝不知情（或装作不知情）的情况下“先斩后奏”修造这些宫殿，换作任何一个人，都不可能拥有萧何这样的胆量。当时各种规范均未制定，宫殿的规模、尺度、装饰标准等都没有成规可循，也只有萧何才能从秦朝的档案中掌握既要“壮丽”又对后世起约束作用的建筑标准。

当然，萧何不可能一个人完成这么宏伟的建造任务，他在成阳收集秦律令图书之时，必然也网罗了一批善于修建秦宫的匠师。《哲匠录》中提到过一位杨城延者。后者与萧何的关系有点像上章中的弥牟与周公旦。

萧何建造未央宫的设计思想是“非壮丽无以重威”，旨在树立中央王朝的权威，与追求奢侈有所不同。《汉书》中说：“何买田宅必居穷辟处，为家不治垣屋”，由此可知，他本人多以节俭持家。

曹操与邺城

曹操（公元 155—220 年），即魏武帝。三国时政治家、军事家，诗人。字孟德，小名阿瞒。人们从《三国演义》中知道他是“乱世奸雄”，但是在郭沫若先生为他翻案之前的一些文献中，对他已有较中肯的介绍和评价，尤其是把他作为文学中“建安风格”的创始人，更是早有定论。《魏志》中说

他“为人多机智，才力绝人，及造作宫室，缮治器械，无不为之法则，曲尽其意”，说明他不仅善于指挥，而且是一名出色的建筑师和机械工程师。

曹操的营造业绩，最突出的是在他当魏王时都城邺城的建造（今河北临漳县附近）。那里曾经是袁绍的根据地，曹操在公元203年破袁氏后即占领并经营此地；公元208年他尽管在赤壁之战中败北，但仍然身负丞相之职；公元210年建铜雀台；公元213年建社稷宗庙。他虽然没有当皇帝，但是邺城无疑是他的王城。

曹操画像

从考古了解的邺城，可以说它是中国第一座按理性原则建造的都城。曹操在城市规划上与后来出现在欧美的功能分区原则极为相似。全城有一条贯穿东西的大路，把城市分为南北两大块。北面的一块由西到东分别是园林、宫殿和“戚里”（贵族居住区）；南面的一块则两端为军营，中间是民宅，在沿北块中轴线上有一条南北大街，两侧设置官署（这种通向皇宫，两侧为官署的大路后世称为“御道”）。在园林西侧有三座高台（分别称为“冰井”“铜雀”“金虎”），对外有防御的功能，对内有观赏和检阅之用。这种方正有序又不机械遵循《考工记》规范的布局充分体现了史书中赞扬他的“无不为之法则，曲尽其意”的建筑才能。

从建筑来说，曹操所建铜雀等三台，是当时典型的建筑类型，它可以说是汉代的阙和望楼的发展，具有功能与标志性相结合的性质。

值得一提的是，在公元221年，铜雀台建造后的11年，也就是曹丕废汉帝自立为皇帝后一年，曹丕命人在（曹魏）洛阳建造了高20丈的凌云台。《世说新语》中有一段形容文字，大意是说它的“构造非常灵巧，最先取材的时候，对于建材的轻重受力，各方面都计算得极准确。因此楼台尽管极高，风吹之时又摇晃摆动，但是一直安然无恙。后来魏明帝（公元227—239年在位）惧其势危，派人用大木材去支撑，结果反而倾坏了。”我们尽管已经无从

得知修建凌云台的建筑师是谁，但可以断定，西方罗马建筑师的才能无法与之相比较。

喻皓与李诫

喻皓与李诫，是两位分别生活在北宋早期与晚期的建筑家。他们都有着传奇式的建筑生涯，既是实践家，又是理论家，擅长把自己和同行的实践经验总结提升到理论，并形成规范。他们的思想和作品可以说是宋代建筑中理性主义的结晶。

喻皓（或称预浩），五代末、北宋初人，具体生卒年不详，家居浙江杭州，出身卑微，“不食荤茹，性绝巧”，木塔建筑是他的专长，在北宋初当过“都料匠”（掌管设计、施工的木工）。如果说鲁班是位传说人物，喻皓却是实有其人，不过，民间有关他的事迹同样充满了传奇色彩。欧阳修在《归田录》中曾称赞他“国朝以来木工一人而已”。

开宝寺塔

喻皓被人传颂的主要有两件事：一是在东京（汴梁）建造开宝寺塔，另一是建造杭州的梵天寺塔。开宝寺塔建于太宗端拱二年（公元 989 年），“八隅，十一层，三十六丈（约 111 米高），上安千佛万菩萨，下作天宫，安阿育王佛舍利……赐名福胜塔院”。建造时喻皓先做好模型，每建一级，外设帷帘，人们只能听到他在里面操作的锤凿之声。每一个模型完成一级，完成后检查其梁柱有“龃龉未安”者，就沿塔的周围视察，随时用槌撞击数十下，塔身就“牢整”了。

有传说称，当时有一位叫

作郭忠恕的文人，河南洛阳人，“工篆籀，尤善画”（然其画高古，未易为世俗所知）。他对喻皓所做的小样末底一级进行了计算，算到上层发现有1尺5寸的误差（相当于塔高的1/240），这个错误不能忽视，就请喻皓再审查。喻皓因此而数天不眠不休，用尺子仔细校对，后来，果然发现了郭忠恕审查的那个误差。喻皓后来在一天早上特意上门叩谢他。这座塔建成时为11层，比原来计划的少2层，不知是否因此缘故。

塔本身建造了8年，竣工后人们发现塔身不正，向西北倾斜，有人感到不解，就忍不住问他是怎么回事。皓回答说，“京师地平无山，西北风不断地吹，所以要做得斜一些，不到一百年就扶正了”，可见其用心之精密。

从这段故事可见，北宋时的工匠在积累众多经验的基础上，仍然依靠制作小样（模型）来指导正式施工，并且为塔身在风力下的变形留有余地，这都是科学的工作态度，即使如此，仍避免不了误差的出现，而要靠数学计算来检验。这些，都是宋朝理性主义思想的某个侧面。

建造杭州的梵天寺，由喻皓设计，其他匠师施工。建造了两三级后，主管官员钱氏在登临检查时发现塔身晃动。匠师回答说因为还没有布瓦，上面没有重量压住所以摇动，但是等瓦布完后塔还是摇动，匠师束手无策，让自己的妻子带了礼品金钗给喻皓妻子请喻皓指点迷津。喻皓笑着回答：“这事容易，只要在每层钉上木板就行了。”匠师依照喻皓所说那样操作，塔身果然停止了晃动。拿现代技术术语来说，就是塔的结构刚度加强了，抗震动性能也提高了。

喻皓虽然出身低微，但是谦逊好学。他懂得向前人学习，经常去唐代建造的相国寺观察结构，他发现其他部位的结构均可理解，却无法理解卷檐的做法。于是频频去访，到了塔下，抬头观望，站累了就坐，坐久了就卧，仍然“求其理而不得”。在这种好学精神的驱动下，他写了《木经》三卷，可惜后来失传。欧阳修在《归田录》中记载了《木经》的部分内容。喻皓把房屋按高度分为：上分（梁以上）、中分（地以上）、下分（阶）三部分，并以梁的长度来决定其他部位和构件的尺寸；除此之外，把台阶分为峻，平、慢三等，以抬轿时使轿杆前后保持水平为准则。

李诫，字明仲，郑州管城县人。关于他的生卒年份，有不同说法，一种说法是他活了40岁左右，那么应当是神宗（1068—1085年在位）时期（1070年左右）出生；另一种说法是他出生于1035年，在哲宗（1086—1100年在位）和徽宗（1101—1125年在位）时期任职。他的去世时间则记载翔

实，即徽宗大观四年（公元1110年）。

李诫与喻皓不同：后者出身低微，前者则是名门之后（曾祖、祖父、父亲均官至尚书以上）；后者自学成材，前者则受良好家教（“博学多艺能，精通小学，工篆籀草隶，善画，得古人笔法。家藏书数万卷，手抄者数十卷”）；后者始终是个民间匠人，前者一生中官职被提升16次（一般官员最多6次）。然而二者的共同点是对建筑的高度职业精神，在完成本职工作之外，还专心研究，汇集实践经验，做出理论总结。

李诫在哲宗元丰八年（1086年）任曹州济阴县尉，这是一个盗贼横行的地区，据说他刚一到任，便将数十名贼人抓获并判决，因此县里得以安宁，他也被迁升为承务郎。然而他的才能主要体现在营造方面，先后建造了五王府、辟雍、尚书省、龙德宫、棣华宅、朱雀门、景龙门、九城殿、开封府廨、太庙、钦慈太后佛寺等，官职也从承务郎提升为将作监主簿、将作监丞、将作少监直至中散大夫凡16等。他在将作八年，“其考工庀事，必究利害，坚窳之制，堂构之方，与绳墨之运，皆已了然于心”，这就为他编撰《营造法式》打下了夯实的基础。

据《哲匠录》记载：《营造法式》是“煦宁（1068—1077年）中敕将作监官编修是书，至元祐六年（1091年）而毕。”宋哲宗认为他编修的书籍只是方便了用料计算，文字过于死板，不懂变通。在具体建造上，会由于工程位置的变化而没办法使用，只当作废纸一张。绍圣四年（1097年），命诫别加撰辑，诫“乃考究群书，并询匠工，以增补之而分别其类别，至元符三年（1100年）而书大成，请奏皇帝批阅后，（丁徽宗）崇宁二年（1103年），镂版颁行”。看来，哲宗皇帝确实有些批判能力，能发现初稿缺乏可操作性而下令修改，这是难能可贵的。李诫负责的主要是修改稿，用了三年的时间，有的资料说李诫用了20年时间，他是在前人工作的基础上完成的。

关于《营造法式》的编制目的和年代，历史上存在争议。有的文献指出，《营造法式》的编撰与防止贪污浪费有关：“编书的目的主要是制定一套建筑工程的制度、规范，作为朝廷指令性的法典，用以‘官防用料’，防止工程管理人员的贪污和物料的浪费。”

实际上，《营造法式》的意义超越了“反贪污浪费”，梁思成先生把它称为一部“文法书”。

值得庆幸的是，中国历史上两个曾经进行过重大建筑活动的时代曾有

两部重要的书籍传世：宋代（公元960—1280年）的《营造法式》和清代（公元1644—1912年）的《工程做法则例》。我们可以把它们称为中国建筑的两部“文法书”。它们都是官府颁发的工程规范，因而对于研究中国建筑的技术来说，是非常重要的。今天，我们之所以能够理解各种建筑术语，并在对不同时代的建筑进行比较研究时有所依据，都是参考了这两部书的缘故。

《营造法式》是宋徽宗（1101—1125年）在位时朝廷中主管营造事务的将作监李诫编撰的。全书共34卷，其中13卷是关于基础、城寨、石作及雕饰，以及大木作（即木构架、柱、梁、枋、额、斗拱、搏、椽等），小木作（即门、窗、隔扇、屏风、平蒸、佛龛等），砖瓦作（即砖瓦及瓦饰的官式等级及其用法）和彩画作（即彩画的官式等级和图样）的；其余各卷是各类术语的释义及估算各种工、料的数据。全书最后4卷是各类木作、石作和彩画的图样等。

材按其高度均分为15厘米，各为一分。材的标准宽度为10厘米。房屋的高度和进深，所使用全部构件的尺寸，屋顶举折的高度及其曲线，总而言之，房屋的一切尺寸，都按其所用材的等级中相应的分为度。

上面引述的最后一句话，点出了《营造法式》的精华所在。在建筑技术中，这称为“模数制”。房屋的所有尺寸，都是一个数字（“材”的尺寸）的倍数，也可以按照这种办法划分为等级。这是一项重大发明，它不仅仅属于个人的创造，还是千万个匠人从实践中找到的规律，是理性主义的胜利。

李诫生平还有其他著作，包括《续山海经》十卷，《续同姓名录》二卷，《琵琶录》三卷，《马经》三卷，《古篆说文》十卷，《六博经》二卷，《新集木书》一卷等（只有《营造法式》传世），可见他是一位兴趣面和知识面极广的文化知识分子。

明代造园师

明代住宅发展的一个显著特征介绍私家园林的增多，由此引起了民间造园师（也有称“叠石师”者）队伍的涌现。下面介绍两位杰出的造园师。

1. 计成

计成（1582—1642年），字无否，号否道人，苏州吴江人。明末造园家，计成在少年时期就因擅长画山水图而闻名天下，属写实画派，并喜好游历风景名胜，到过北京、湖广等地。中年以后，计成返回江南地区的镇江并长期定居于此，专门从事造园行业。明天启三至四年（1623—1624年），应常州吴玄聘请，营造了一处面积约为五亩的园林，是他成名之作。代表作还有明崇祯五年（1632年）在仪征县为汪士衡修建的“寤园”、在南京为阮大铖修建的“石巢园”、在扬州为郑元勋改建的“影园”等。他根据自己丰富的实践经验并整理了在修建吴氏园和江氏园时所作的部分图纸，写成《园冶》一书，被誉为世界造园学最早的理论名著。

《园冶》一书在明毅宗崇祯四年（1631年）成稿，七年（1634年）刊行。本书全面论述宅园、别墅营建的原理和具体手法，反映了中国古代造园的成就，对造园经验加以高度概括总结，成为研究中国古代园林的巨著。其内容包括兴造论和园说两篇。园说下分相地、立基、屋宇、装折、门窗、墙垣、铺地、掇山、选石、借景十部分。全书共三卷，附图235幅。其主要特点是强调“三分匠，七分主人”（这里的主人主要不是指园主，而是主持设计的园林师）。他的创作思想提倡“虽由人作，宛自天开”，要求人造园林具有自然品质；同时又强调“造园无格”，“巧于因借，精在体宜”。

2. 张涟

张涟（1587—1673年），字南垣，浙江秀水人，明末清初江南著名造园叠山匠师。原籍江苏华亭，生于明万历十五年（1587年），少年学画于云间，“好写人像，兼通山水，遂以其意垒石诶假山”。晚岁徙居嘉兴，将叠山造园作为自己一生的事业。他提倡“堆筑‘曲岸回沙’、‘平岗小坂’、‘陵阜陂陀’”，“然后错之以石，缭以短垣，翳以密条”，从而创造出一种幻觉，仿佛园墙之外还有“奇峰绝嶂”，使人们看到的园内叠山好像是处于大山脚下，而“截溪断谷，私次数石者，为吾有也”。这种主张以截取大山一角而使人联想大山整体形象的做法，开创了叠山艺术的一个新流派。当时江南许多大家名园，有横云、预园、乐郊、拂水、竹亭等园都是他亲自设计建造的。据说他每到一工地，先环视堆放的乱石，“默识

于心”，然后在与客人谈笑中指挥叠石，可凭记忆说出“某树下某石置于某处”。他的四个儿子（以次子张然最有名）和侄子张拭继承他的事业。他被人叫作“山石张”，康熙中卒。

清代私家园林的造园师

园林的创造性，体现在一些优雅的清代私家园林中。在名师的创意下，清代园林艺术达到了较高的境界，成为可与诗、画并列的艺术。当然，与此同时，也出现了陈从周先生所说的“互相攀比用料”等庸俗之风。一些知名的造园师成为富家争相结交的对象，其中，突出的有以下几人。

1. 李渔

李渔（1611—1680 年），原名仙侣，号天征，后改名渔，字笠翁，一字笠鸿、谪凡。明末清初戏剧家，兼工造园。他出生于江苏如皋的商人家庭，父亲李如松经营药材，祖籍浙江兰溪，父亲因从商而举家搬迁到江苏如皋定居。他从小喜爱读书，又培育了一种叛逆性格，参加科举考试失败更是强化了这种性格。1644 年明亡后暂居家乡伊山别业。1649 年迁居杭州，混迹市井生活，开始写作，先后著有《无声戏》两集，销路甚好，于是迸发了写戏剧与小说的热情。因清廷大兴文学狱，李渔再次举家迁往南京居住，并且开了一家名为“翼圣堂”的书店。以后就游山玩水、吃喝玩乐，曾在北京弓弦胡同筑半亩园，“叠山垒土而为山，阙地导泉而为池，池中水亭，双桥通之。平台曲室，奥如旷如”；此外，也会经营其他买卖，称“伊园”；晚年时期的李渔又自己设计修筑了芥子园。1680 年在杭州层园去世。他著作中具有学术价值的有《闲情偶寄》，又名《一家言》，在此书的《居室部》和《器玩部》中，对园林借景、装修、家具、山石等都有独到的论述，“于设计布置，别具心裁”，是继《园冶》之后的又一部重要著述。

2. 戈裕良

戈裕良（1764—1830 年），字立山，出生于江苏武进县城东门。祖辈务农，家境困难，父亲为了一家生计，每日以为人种树垒石讨生活。他从小随父兄学习，父亲去世后就外出为人累石造园，好钻研，自成风格，主张假山

清代私家园林设计

“要如真山洞壑一般，方为能事”。他能汲取泰山、华山、衡山、雁荡山诸山的精华，并创造一种“钩带法”，使自己所垒假山与真正的山峰走势一般无二，并可“千年不坏”，于是声名大振。其作品有苏州一榭园，扬州小盘谷，常州西圃，如皋文园，绿净园，苏州环秀山庄、南京五松园、五亩园、仪征朴园、常熟燕谷园等。其中，苏州环秀山庄，被列入联合国教科文组织的世界文化遗产。1830 年死于常州，有人将他与张涟并提，称为“300 年来两轶群”。

还有一些清代著名的私家园林精品没有留下造园师的姓名，苏州网师园就是其中之一。它是清乾隆年间，由宋鲁儒（字宗元，又字壳庭）购置宋万卷堂故址修建，“网师”二字与巷名王思谐音。以后虽几易其手（叶恭绰、张大干等均住过），但是，并没有改变其原本的格局。它占地不大（0.4 公顷，主景水池只有 400 平方米），楼阁密集，却通过精心布局，使山水园林富有特色。陈从周先生对它有高度的评价：“苏州诸园，此园构思最佳，盖园小‘邻虚’，顿扩空间，‘透’字之妙用，于此得之。”轩前面东为假山，与其西曲廊相对。西南隅有水一泓，名“涵碧”，清澈醒人，与中部大池有脉可通，保留“水贵有源”之意。泉上修筑一座名为“冷泉”的小亭。南略置峰石为殿春移对景。余地以“花街”铺地，极平洁，与中部之利用水池，遵循同一原

则。以整片出之，成水陆对比，前者以石点水，后者以水点石；其与总体之利用建筑与山石行之对比，相互变换者，就如同唱歌的人会巧妙地变换腔调，不会一味地遵循守旧。

网师园清新而有韵味，以文学作品来形容它，正北宋晏几道《小山词》之“淡语皆有味，浅语皆有致”，建筑无多，山石有限，其奴役风月，左右游人，若非造园家“匠心”独到，不克臻此。足以表明园林非“土木”、“绿化”之事，所以称作“构园”。王国维《人间词话》指出“境界”二字，园以有“境界”为上，网师园与前者相比稍差些。

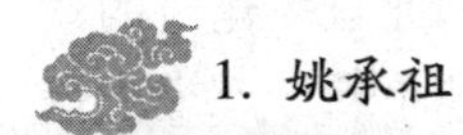

清代的民间建筑师

与造园师比较，清代的民间建筑师很多都默默无闻，我们今天能知道的包括以下几人。

1. 姚承祖

姚承祖（1866—1938 年），字汉亭，别字补云，又号养性居士。据陈从周先生称，他原籍安徽，为船民，太平天国时定居苏州香山。11 岁的姚承祖跟随他的叔父姚开盛学习木匠工作。他祖父姚璨庭著有《梓业遗书》五卷。其他资料称，他 16 岁辍学当木工，一生中经他设计建造的建筑有上千幢之多，代表作有苏州怡园的藕香榭、木渎镇的严家花园、光福香雪海的梅花亭、木渎灵岩山的大雄宝殿等。1912 年建立苏州鲁班协会，并当选会长。姚承祖热心于公众福利事业，在家乡开办了墅峰小学，在苏州玄妙观东角门开办了梓义小学。凡是建筑工人子弟，一律免费入学，后应苏州工业专科学校校长的邀请，到苏州工专教书。晚年根据家藏秘籍和图册以及在苏州工专所编的讲稿，编撰《营造法原》一书（由他的学生张志刚编辑，中国建筑工业出版社 1959 年出版），被誉为“中国南方建筑之宝典”，他本人被称为“继香山帮鼻祖蒯祥之后的又一位伟大的建筑大师”。

2. 黎巨川

黎巨川，清末广州民间建筑师，曾开设瑞昌店，承接营造业务。他留下最有名的建筑是广州陈氏书院（俗称“陈家祠”）。陈氏书院尽管名为“书

院”，实际上是广东各县陈姓家族的共用祠堂（据说当时清廷禁止跨县的祠堂建造，故用“书院”之名）。光绪十四年（公元1888年）筹建，光绪二十年（公元1894年）落成，主体建筑占6400平方米，由大小19座建筑构成。其特色是用了大量当地艺人制作的砖雕、石雕、木雕、陶塑、灰塑以及壁画、铜铁铸等工艺品，刻画了人物、图案、禽兽、山水、楼台亭阁，组合在一个个屋脊上，彰显出一幅幅热闹的城镇市井集会风貌，琳琅满目，具有浓厚的地域特色，代表了岭南建筑的典型之作。可惜文献中对建筑师的生平很少介绍，导致我们对他本人缺乏了解。

清代时期，新建或重修的各类建筑数不胜数。除极少数由皇家或官署直接修造外，大多数还是民间建造。现存杰出的如山西浑源悬空寺、北京碧云寺和金刚宝座塔、西藏布达拉宫和扎什伦布寺、青海塔尔寺、北京白云观、青城山上清宫、北京牛街清真寺、山西解州关帝庙、湖南岳麓书院、北京湖广会馆等；在住宅和私家园林方面有北京的许多四合院、晋中大院、安徽徽州住宅、浙江东阳住宅等。较近代的有上海的石库门等。如此众多建筑的建造师绝大多数是默默无闻的，然而他们却留下了许多创造和革新。兹举少数几例。

（1）陕西浑源悬空寺，它建立在悬崖绝壁之上，用悬挑梁与高架木柱为结构，居高临下，俯视着山谷中迎来送往的游客。它同时供奉孔子、释迦牟尼和太上老君，三教合一，可以说是朱熹哲学的民间宗教阐释。把庙建造在悬壁上，给人营造一种犹如“高山仰止”的感觉，远远看去，又像极了一幅风景画。构思之巧，技术之高，堪称奇观，但是，不知道该建筑师的所有生平资料。

（2）司马第。浙江金华地区永康市厚吴村的建筑，是浙中民居建筑的代表。它已经有近800年的历史，最早始建于宋嘉定年间。村中的司马第建造于清嘉庆年间，主人吴文武，曾经担任州司马，在公元1816年左右建造此宅，俗称“二十九间”。整个院落有三进二天井，占地1000平方米。第一进的大门刻有“司马第”三个字。其内每一进都有明间、次间，均为二层建筑，抬梁式落地柱结构。窗户均有精细木雕，柱上马腿也雕有各种花鸟虫鱼，加上门额上众多的刻词，整个院落萦绕着一种浓厚的文化气氛。根据有关记载，吴文武有七个儿子，家教有方，在中厅增设私塾，后来个个成才。子女们年轻时住在一起，虽是一家，却是集合住宅，与中国一般独家建筑的形式不同。

知识链接

华清宫揽胜

华清宫地处西安城以东35公里的临潼县境内，南倚骊山北坡，北向渭河。骊山山形秀丽，植被良好，远看犹如黑色骏马，因而取名为骊山。骊山之麓，自古就有温泉出现，周幽王曾在这里修骊山宫。骊山峰火台（为“褒姒一笑失天下”的故事由来）遗迹至今留存。传说秦始皇在骊山邂逅“神女”，以石筑室砌池，称“神女汤泉”，也称“骊山汤”。汉武帝刘彻时（约公元前130年）在秦汤泉的基础上扩建为离宫。隋文帝杨坚，于开皇三年（公元583年），又加以修建，广植松柏树木。发展到了唐代，这里变成了皇帝游玩的绝佳场所。尤其在冬季，唐太宗李世民于贞观十八年（公元644年），诏令大匠阎立德营建汤泉宫，阎规划建制宫殿楼阁，非常奢华。据《唐书·地理志》“昭应县有宫，在骊山下，贞观十八年置。咸亨二年（唐高宗李治年号，公元671年）始名温泉宫，天宝六年（公元747年）更名‘华清宫’。治汤井为池，环山到宫室，又筑罗城，置百司及十宅”。唐玄宗长期居住于此，处理朝政，接见臣僚，毫无疑问，这里当时已经成为与长安相联系的另一个政治中心，华清宫成为唐朝著名的皇家离宫御苑。

华清宫政治中心的功能需要一套完整的宫廷区，宫廷区在骊山北坡，与骊山的苑园区一起构成北宫南苑的格局。华清宫中央为宫城，东西两侧为行政、宫廷辅助用房以及随驾前来的贵族、官员的府邸所在。宫廷区南面为苑林区，呈现出前宫后院的传统格局。

华清宫

宫廷区布局方整，因受到地形地势的限制，因而打破了坐北朝南的宫廷布局模式，采取坐南朝北的布局，两重城垣。

宫廷区的南半部为温泉汤池区，共分布着8处汤池，专门供帝、后、嫔妃及皇室其他人员沐浴用。自东到西分别为：九龙汤、贵妃汤、星辰汤、太子汤、少阳汤、尚食汤、宜春汤、长汤。九龙汤，也叫“莲花汤”，是专为皇帝享用的汤池。进津阳门，东有瑶光楼，瑶光楼的南边与飞霜殿相连，在飞霜殿之南就是御汤九龙殿，制作宏丽。由莲花汤而西，称“日华门”，门之西叫作“太子汤”，太子汤次西少阳汤，少阳汤次西尚食汤，尚食汤次西宜春汤，又西曰月华门，月华门之内有七圣殿。七圣殿南有龙汤16所。

开阳门以东廓成以内的建置有：观凤楼、四圣殿、逍遥殿、重明阁、宜春亭、李真人祠、女仙观、桉歌台、斗鸡台等，除此之外，还修建了一处面积广阔的球场。宫城东面开阳门外有宜春亭，亭东有重明阁，阁下有方池，中植莲花。池东凿井，盛夏极甘冷，供人饮水之用。四圣殿在重明阁之南，殿东有怪柏。宫城东面还建有观凤楼，楼在宫外东北隅，又有斗鸡殿，在观凤楼之南。殿南有桉歌台，南临东缭墙，殿北有舞马台、毬场。

苑林区，为山岳风景游赏胜地，建筑结合不同的地貌规划建设了许多各具特色的景区或景点。山上人工种植各种观赏树木，丰富了景观，不同的植物突出了不同景区景点的特色。据文献记载，华清宫就有松、柏、槭、梧桐、柳、榆、桃、梅、李、海棠、枣、榛、芙蓉、石榴、紫藤、芝兰、竹子、旱莲等30多种。

参考书目

1. 李未醉，魏露苓．古代中外科技交流史略［M］．北京：中央编译出版社，2013.
2. 高岩．中国古代文明与科技［M］．北京：朝华出版社，2011.
3. 丁海斌，等．中国古代科技档案遗存及其科技文化价值研究［M］．北京：科学出版社，2011.
4. 薛克翘．中国读本：佛教与中国古代科技［M］．北京：中国国际广播出版社，2011.
5. 陈久金，杨怡．中国读本：中国古代天文与历法［M］．北京：中国国际广播出版社，2010.
6. 徐朝旭．中国古代科技伦理思想［M］．北京：科学出版社，2010.
7. 路甬祥．走进殿堂的中国古代科技史［M］．上海：上海交通大学出版社，2009.
8. 中国科学院自然科学史研究所．学术中国：中国古代科技史［M］．北京：外文出版社，2009.
9. 孙广仁主．中国古代哲学与中医学［M］．北京：人民卫生出版社，2009.
10. 赵匡华．中国古代化学［M］．北京：商务印书馆，2007.
11. 张天锁．西藏古代科技简史［M］．郑州：大象出版社，1999.
12. 赵海明，许京生．中国古代发明图话［M］．北京：北京图书馆出版社，1999.
13. 刘敬鲁．中国古代的医学［M］．太原：希望出版社，1999.
14. 金秋鹏．中国古代科技史话［M］．北京：商务印书馆，1997.
15. 刘贵芹．中国古代科学家［M］．北京：北京科学技术出版社，1995.

中国传统风俗文化丛书

一、古代人物系列（9 本）

1. 中国古代乞丐
2. 中国古代道士
3. 中国古代名帝
4. 中国古代名将
5. 中国古代名相
6. 中国古代文人
7. 中国古代高僧
8. 中国古代太监
9. 中国古代侠士

二、古代民俗系列（8 本）

1. 中国古代民俗
2. 中国古代玩具
3. 中国古代服饰
4. 中国古代丧葬
5. 中国古代节日
6. 中国古代面具
7. 中国古代祭祀
8. 中国古代剪纸

三、古代收藏系列（16 本）

1. 中国古代金银器
2. 中国古代漆器
3. 中国古代藏书
4. 中国古代石雕
5. 中国古代雕刻
6. 中国古代书法
7. 中国古代木雕
8. 中国古代玉器
9. 中国古代青铜器
10. 中国古代瓷器
11. 中国古代钱币
12. 中国古代酒具
13. 中国古代家具
14. 中国古代陶器
15. 中国古代年画
16. 中国古代砖雕

四、古代建筑系列（12 本）

1. 中国古代建筑
2. 中国古代城墙
3. 中国古代陵墓
4. 中国古代砖瓦
5. 中国古代桥梁
6. 中国古塔
7. 中国古镇
8. 中国古代楼阁
9. 中国古都
10. 中国古代长城
11. 中国古代宫殿
12. 中国古代寺庙

五、古代科学技术系列（14 本）

1. 中国古代科技
2. 中国古代农业
3. 中国古代水利
4. 中国古代医学
5. 中国古代版画
6. 中国古代养殖
7. 中国古代船舶
8. 中国古代兵器
9. 中国古代纺织与印染
10. 中国古代农具
11. 中国古代园艺
12. 中国古代天文历法
13. 中国古代印刷
14. 中国古代地理

六、古代政治经济制度系列（13 本）

1. 中国古代经济
2. 中国古代科举
3. 中国古代邮驿
4. 中国古代赋税
5. 中国古代关隘
6. 中国古代交通
7. 中国古代商号
8. 中国古代官制
9. 中国古代航海
10. 中国古代贸易
11. 中国古代军队
12. 中国古代法律
13. 中国古代战争

七、古代文化系列（17 本）

1. 中国古代婚姻
2. 中国古代武术
3. 中国古代城市
4. 中国古代教育
5. 中国古代家训
6. 中国古代书院
7. 中国古代典籍
8. 中国古代石窟
9. 中国古代战场
10. 中国古代礼仪
11. 中国古村落
12. 中国古代体育
13. 中国古代姓氏
14. 中国古代文房四宝
15. 中国古代饮食
16. 中国古代娱乐
17. 中国古代兵书

八、古代艺术系列（11 本）

1. 中国古代艺术
2. 中国古代戏曲
3. 中国古代绘画
4. 中国古代音乐
5. 中国古代文学
6. 中国古代乐器
7. 中国古代刺绣
8. 中国古代碑刻
9. 中国古代舞蹈
10. 中国古代篆刻
11. 中国古代杂技